农户用铁皮沼气罐

大型沼气贮气柜

大型沼气发酵装置

1

户用太阳能热水器

农户用太阳能热水器

农户的太阳能采暖房

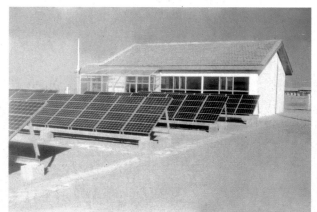

太阳能发电站

养路段道班
太阳能浴室

农村集体太阳能浴室

3

农户的太阳灶

用太阳灶炒菜

用太阳灶炒菜

4

农村能源实用技术

顾　问

李学勤

主　编

聂　君　肖珍武　郝勇壮

副主编

秦　吉

编著者

吴玉斌　杨忠群　姜福民　侯宇心

刘卫平　张根成　谷庆祯　杨东升

杨绍春　李亚峰　孙立新　刘喜昌

杨宝忠　金　涛　王　恒　姜秋菊

聂魁巍　林夕梦　张敬莹　韩景林

尹文武

金盾出版社

内 容 提 要

本书重点介绍适合农村应用的节能炕灶、生物能沼气开发利用技术、太阳能的利用及风能的开发与利用等节能技术和国家能源建设标准。内容科学实用,语言通俗易懂。是指导农村能源建设、改善生态环境、提高广大农民生活水平的重要参考书。适合广大农户、农业技术员、农业推广技术人员和农业院校相关专业师生阅读参考。

图书在版编目(CIP)数据

农村能源实用技术/聂君,肖珍武,郝勇壮主编. —北京:金盾出版社,2005.9
ISBN 978-7-5082-3592-9

Ⅰ. 农… Ⅱ. ①聂…②肖…③郝… Ⅲ. 农村-能源-工程
Ⅳ. TK01

中国版本图书馆 CIP 数据核字(2005)第 025329 号

金盾出版社出版、总发行
北京太平路 5 号(地铁万寿路站往南)
邮政编码:100036 电话:68214039 83219215
传真:68276683 网址:www.jdcbs.cn
彩色印刷:北京凌奇印刷有限责任公司
黑白印刷:北京金盾印刷厂
装订:永胜装订厂
各地新华书店经销
开本:787×1092 1/32 印张:9.5 彩页:4 字数:209 千字
2010 年 3 月第 1 版第 8 次印刷
印数:53781—63780 册 定价:16.00 元

序

能源是社会进步和发展的物质基础。按照"十六大"提出的全面建设小康社会的要求,除了各种条件外,必须得有能源做保证。我国人口众多,能源的消费水平低,有效利用差;特别是农村能源短缺,并由此带来了资源破坏,生态环境恶化,影响了农业和农村经济发展。面对我国能源现状的实际,认真贯彻国家制定的"开发与节约并重"和"因地制宜、多能互补、综合利用、讲求效益"的农村能源发展方针,积极开发利用新能源、可再生能源,节约与合理使用能源资源为主的农村能源建设,是解决我国常规能源短缺的有效途径。合理开发新能源和可再生能源,将会有效的缓解我国常规能源供需矛盾,改善能源消费结构和生态环境,增强农业后劲,提高人民生活水平。

当前,我们在新能源和可再生能源的开发利用方面一是工作开展的时间不够长,二是还不够普遍。随着向小康社会迈进,能源的需用量将大量增加,常规能源将越来越少,供需矛盾将更加突出。资源生态与环境的压力使人们越来越关注清洁能源、可再生能源和生态环境保护与修复技术的研究与发展。随着小康建设的步伐加快,民营企业的扩大、生产用能和生活用能都将迅速增长,开发利用新能源,节省常规能源消耗工作的重要意义,显得尤为突出、尤为紧迫,新技术的研究应用与推广工作的潜力很大,前景光明。而要抓好新能源和可再生能源的开发利用,从今后的发展看,将越来越依靠科学技术进步。科学技术是第一生产力,这个道理不仅为越来越多的人知晓,而且正推动着人们学科学、用科学促进能源建设面向经济建设。近年来,我们在这方面做了不少工作,取得了显著成效,但严格地讲还只是开始起步。必须看到,能源开发领域还有很多难关亟待攻破,先进科技成果的推广应用程度还很有限,广大农民文化技术水平比较低,在"依靠"和"面向"方面还需要我们扎扎实实地做好工作。这是我们落后的表现和原因,同时,也是巨大的潜力所在。所以,今后能源开发利用必须抓住科技这一环。既要抓好新能源开发利用的研究,尽快解决新能源开发利用进一步发展的关键问题,又要抓好实用科技成果的推广应用。

为适应广大能源工作者和生产者以及广大农户对能源科学技术的迫切要求,作者对节能、生物能、太阳能、风能的开发利用技术进行了系统的研究、收集与整理,并根据多年的实践经验和应用的实际编写了此书。作者把《农村能源实用技术》一书奉献给社会,是做了一件很有意义的工作。我相信本书的出版发行,对提高能源工作者和农民的科学文化素质,普及能源科技知识,促进能源事业的发展,将起到积极的作用。

吉林省人民政府副省长　杨庆才 2005.7.19

前　言

为了进一步贯彻落实"因地制宜、多能互补、综合利用、讲求效益"的农村能源工作方针,大力开发和合理利用能源资源、保护自然资源和保持生态平衡,减缓生态与环境的压力,推动我国能源事业的发展,宣传普及能源科技知识,我们根据过去多年积累的实际经验,并收集和参阅了国内有关能源的文献资料,组织编写了《农村能源实用技术》一书。

本书收集了节能、生物能、太阳能、风能等方面多年来的研究推广成果,开发利用技术,设备制作,工艺技术研制和发展,生产技术,成本和效益分析,较系统地介绍了我国节能工作,生物能、太阳能、风能的形成与开发利用途径及国家能源建设标准。旨在节能和开发利用可再生能源方面尽微薄之力。

本书可供从事和关心能源,特别是农村能源工作的领导、科研管理和技术推广人员及大专院校师生阅读参考。

本书在编写过程中得到有关方面的支持,他们提供了许多宝贵资料,在此一并致谢。书中引用了国内有关能源书刊的资料,未能一一加注,这里统一说明,并向作者表示感谢。

由于笔者业务水平所限,加之时间仓促,书中难免有错误和不足之处,敬请读者批评指正。

编著者

2005.5

通信地址:137000 吉林省白城市文化东路 1 号农业广播电视
学校(电话:0436—3232967)

目　录

第一编　节能炕灶

第一章　炕灶的概述 ……………………………………（1）

　第一节　炕灶的发展简史 ………………………………（1）

　　一、炕灶的起源与发展 ………………………………（1）

　　二、旧式炕灶的弊病 …………………………………（2）

　　三、新式炕灶的特点 …………………………………（3）

　第二节　燃烧知识 ………………………………………（3）

　　一、炉灶的热量分配 …………………………………（3）

　　二、炉灶的热效率 ……………………………………（4）

　　三、各项损失的简要分析 ……………………………（5）

　　四、燃烧的条件 ………………………………………（5）

　　五、传热 ………………………………………………（7）

　第三节　炉灶的一些基本参数 …………………………（8）

　　一、热量 ………………………………………………（8）

　　二、温度 ………………………………………………（8）

　　三、比热 ………………………………………………（8）

　　四、压力 ………………………………………………（9）

　　五、潜热 ………………………………………………（10）

　　六、流速和流量 ………………………………………（10）

　第四节　新式炉灶的设计 ………………………………（11）

　　一、炉灶的大小和高度确定 …………………………（11）

二、进(通)风道的设计 ………………………… (11)

三、炉箅的选用与安装 ………………………… (11)

四、进烟口的尺寸与要求 ……………………… (12)

五、添柴(添煤)口的确定 ……………………… (12)

六、灶内吊火高度的确定 ……………………… (12)

七、大锅灶膛的套形要求 ……………………… (12)

八、喉眼烟道应设铁插板 ……………………… (13)

九、锅台表面粉刷与处理 ……………………… (13)

第五节　常用的几种节柴灶 …………………… (14)

一、榆树 83-1 型灶 …………………………… (14)

二、弧形节柴灶 ………………………………… (17)

第六节　炕的传热原理及结构形式 …………… (18)

一、炕体各部位的砌筑要求 …………………… (18)

二、常用的几种炕型 …………………………… (20)

第二章　烟囱 …………………………………… (27)

第一节　烟囱的设计 …………………………… (27)

一、民用烟囱布置形式与形状 ………………… (27)

二、烟道和烟囱出口截面的确定计算公式 …… (27)

三、烟囱高度的确定与计算 …………………… (28)

四、烟囱插板的作用 …………………………… (29)

第二节　烟囱的砌筑 …………………………… (29)

一、砌筑质量标准 ……………………………… (29)

二、内壁安装要求 ……………………………… (29)

三、保温、防潮应注意的问题 ………………… (30)

第三节　病态烟囱的维修 ……………………… (30)

一、检查方法 …………………………………… (30)

二、烟囱故障排除方法 ………………………… (31)

第三章　灶炕常见故障与排除方法 ……………………（32）

　第一节　炉灶常见故障与排除方法 ………………（32）

　　一、炉灶燎烟排除方法 …………………………（32）

　　二、炉灶犯风排除方法 …………………………（33）

　　三、炉灶倒烟排除方法 …………………………（33）

　　四、炉灶截火排除方法 …………………………（34）

　　五、炉灶打呛排除方法 …………………………（34）

　　六、炉灶没抽力排除方法 ………………………（35）

　　七、炉灶平时好烧，偶尔冒烟排除方法 ………（35）

　　八、炉灶有时犯南风，有时犯北风排除方法 …（35）

　　九、炉灶边烧边往外冒烟排除方法 ……………（36）

　第二节　大锅灶常见故障与排除方法 ……………（36）

　　一、省柴灶不省柴排除方法 ……………………（36）

　　二、新砌的大锅灶有时冒烟、火不旺排除方法 ……（36）

　　三、大锅灶燎烟排除方法 ………………………（37）

　　四、烧大锅灶截柴排除方法 ……………………（37）

　　五、烧大锅灶不爱开锅排除方法 ………………（37）

　　六、锅有时一面开锅一面不开锅排除方法 ……（38）

　第三节　火炕常见故障与排除方法 ………………（38）

　　一、火炕凉得快排除方法 ………………………（38）

　　二、新炕开始点火时冒烟闷炭排除方法 ………（39）

　　三、火炕出现偏热现象排除方法 ………………（39）

　　四、烧了很多燃料而炕仍不热排除方法 ………（39）

　　五、架空火炕凉得快排除方法 …………………（40）

　　六、变动炕内分烟砖方法 ………………………（40）

　　七、炕面改成大块砖的优点 ……………………（41）

　第四节　烟囱常见故障与排除方法 ………………（41）

一、烟囱冒黑烟排除方法 ……………………（41）

二、烟囱冒黄烟排除方法 ……………………（41）

三、烟囱尿墙排除方法 ………………………（42）

四、新砌的烟囱开始烧火时抽力小排除方法 …（42）

第四章　白城节能地炕搭建技术 ……………（43）

第一节　设计原理及结构特点 ………………（43）

第二节　施工要点 ……………………………（44）

一、规格及材料要求 …………………………（44）

二、技术路线及要点 …………………………（45）

第三节　使用技术及注意事项 ………………（47）

一、燃烧处理 …………………………………（47）

二、使用技术 …………………………………（48）

三、安全检查 …………………………………（48）

第二编　生物能沼气开发利用技术

第五章　沼气发酵原理及发酵工艺 …………（50）

第一节　沼气的基本知识 ……………………（50）

一、沼气的主要性质 …………………………（50）

二、开发新能源 ………………………………（50）

三、多积优质肥 ………………………………（51）

第二节　发酵原理 ……………………………（52）

一、沼气发酵的概念 …………………………（52）

二、沼气发酵过程 ……………………………（53）

第三节　发酵的基本条件 ……………………（54）

一、对温度的要求 ……………………………（54）

二、对其他环境条件的要求 …………………（56）

三、对发酵原料的要求 ………………………（57）

　　四、对接种物的要求 ……………………………………（60）

　　五、水压式沼气池发酵工艺 …………………………（60）

　　六、几项发酵新技术 …………………………………（65）

第四节　安全管理 ………………………………………（67）

第六章　"四位一体"农村能源生态模式 ………………（68）

第一节　概述 ……………………………………………（68）

第二节　设计与施工 ……………………………………（69）

　　一、模式工程设计所应遵循的原则 …………………（69）

　　二、日光温室的设计与施工要点 ……………………（69）

　　三、沼气池的设计与施工要点 ………………………（71）

　　四、猪舍的设计与建设技术 …………………………（72）

　　五、豆腐房的建设与要求 ……………………………（73）

第三节　使用与管理 ……………………………………（74）

　　一、沼气池的使用与管理 ……………………………（74）

　　二、保温猪舍的管理 …………………………………（75）

　　三、日光温室的管理 …………………………………（75）

第七章　秸秆气化技术 …………………………………（76）

第一节　概述 ……………………………………………（76）

第二节　气化原理及供气系统 …………………………（77）

　　一、气化原理 …………………………………………（77）

　　二、供气系统 …………………………………………（78）

　　三、环境保护 …………………………………………（80）

　　四、消防 ………………………………………………（81）

第三节　投资效益分析 …………………………………（81）

　　一、秸秆气化集中供气系统总投资 …………………（81）

　　二、运行成本分析 ……………………………………（82）

　　三、效益分析 …………………………………………（83）

四、综合评价 ‥‥‥‥‥‥‥‥‥‥‥‥‥‥‥‥‥‥‥（85）

第三编　太阳能的利用

第八章　太阳能知识及太阳能热水器 ‥‥‥‥‥‥‥（86）

第一节　概述 ‥‥‥‥‥‥‥‥‥‥‥‥‥‥‥‥‥‥‥（86）

一、太阳辐射的能量 ‥‥‥‥‥‥‥‥‥‥‥‥‥‥‥（86）

二、地面上太阳辐射能的强度 ‥‥‥‥‥‥‥‥‥‥（86）

三、我国太阳能的分布 ‥‥‥‥‥‥‥‥‥‥‥‥‥（87）

第二节　热水器 ‥‥‥‥‥‥‥‥‥‥‥‥‥‥‥‥‥（88）

一、概述 ‥‥‥‥‥‥‥‥‥‥‥‥‥‥‥‥‥‥‥‥（88）

二、太阳能热水器的类型 ‥‥‥‥‥‥‥‥‥‥‥‥（89）

三、热水器系统 ‥‥‥‥‥‥‥‥‥‥‥‥‥‥‥‥（92）

四、热水器的总体设计及布局 ‥‥‥‥‥‥‥‥‥（97）

五、热水器的安装和维护 ‥‥‥‥‥‥‥‥‥‥‥（99）

第三节　供暖 ‥‥‥‥‥‥‥‥‥‥‥‥‥‥‥‥‥（101）

一、概述 ‥‥‥‥‥‥‥‥‥‥‥‥‥‥‥‥‥‥‥（101）

二、太阳能供暖房的设计知识 ‥‥‥‥‥‥‥‥‥（102）

三、太阳能供暖的基本方式 ‥‥‥‥‥‥‥‥‥‥（103）

四、太阳房的设计 ‥‥‥‥‥‥‥‥‥‥‥‥‥‥（104）

第九章　太阳能校舍 ‥‥‥‥‥‥‥‥‥‥‥‥‥‥（107）

第一节　目前农村中小学校舍的现状 ‥‥‥‥‥‥（107）

第二节　被动式太阳能中小学教室结构 ‥‥‥‥‥（108）

一、房址和方位的选择 ‥‥‥‥‥‥‥‥‥‥‥‥（108）

二、结构的选择及做法 ‥‥‥‥‥‥‥‥‥‥‥‥（109）

三、太阳能采暖装置的设计 ‥‥‥‥‥‥‥‥‥‥（110）

四、发展前景 ‥‥‥‥‥‥‥‥‥‥‥‥‥‥‥‥（111）

第十章　太阳灶 ‥‥‥‥‥‥‥‥‥‥‥‥‥‥‥‥（112）

第一节 基本知识 …………………………………… (112)

　　一、光的直线传播定律 …………………………… (112)

　　二、光的反射定律 ………………………………… (112)

　　三、太阳高度角 …………………………………… (114)

　　四、太阳方位角 …………………………………… (114)

　　五、地理纬度 ……………………………………… (115)

　　六、太阳平面视角 ………………………………… (116)

第二节 抛物曲面 …………………………………… (116)

　　一、抛物曲线 ……………………………………… (116)

　　二、抛物曲面的应用与要求 ……………………… (120)

　　三、反射光汇集角的选择 ………………………… (121)

　　四、有效反射曲面的分析 ………………………… (123)

　　五、对各曲面的分析 ……………………………… (125)

　　六、五种灶面 ……………………………………… (127)

　　七、常用两种类型的聚焦形式 …………………… (131)

第三节 反光材料 …………………………………… (132)

　　一、要求 …………………………………………… (132)

　　二、常用的反光材料 ……………………………… (132)

第四节 支撑及跟踪机构 …………………………… (133)

　　一、要求 …………………………………………… (133)

　　二、保持平衡 ……………………………………… (133)

第五节 太阳灶制作技术 …………………………… (136)

　　一、胎模的制作 …………………………………… (136)

　　二、水泥模的制作 ………………………………… (137)

　　三、水泥灶壳的制作 ……………………………… (139)

第四编　风能的开发与利用

第十一章　风和风能 ……………………………………（141）

第一节　概述 …………………………………………（141）

一、开发利用风能的重要性 ………………………（141）

二、风能利用的基本途径 …………………………（141）

第二节　风的一般知识 ………………………………（142）

一、风及风产生的原因 ……………………………（142）

二、我国的季风气候 ………………………………（142）

三、风力等级 ………………………………………（143）

四、风向、风速的观测 ……………………………（144）

五、风的特性指标 …………………………………（145）

第三节　计算及区划 …………………………………（147）

一、风能计算 ………………………………………（147）

二、风能密度及计算 ………………………………（147）

三、风能资源利用区划 ……………………………（148）

第十二章　风力机 ……………………………………（150）

第一节　种类 …………………………………………（150）

一、风力机的概念 …………………………………（150）

二、风力机的分类 …………………………………（150）

三、风力机的命名 …………………………………（151）

第二节　结构与功能 …………………………………（152）

一、风轮 ……………………………………………（152）

二、传动装置 ………………………………………（152）

三、做功装置 ………………………………………（152）

四、贮能装置 ………………………………………（152）

五、辅助装置 ………………………………………（153）

　　六、塔架 ……………………………………………… (153)
第十三章　风力发电机的使用与维护 ………………… (154)
　第一节　选择 …………………………………………… (154)
　　一、风况调查 ………………………………………… (154)
　　二、能源需求量的判断 ……………………………… (154)
　第二节　安装使用 ……………………………………… (157)
　　一、安装地点的选择 ………………………………… (157)
　　二、安装前的准备 …………………………………… (158)
　第三节　维护 …………………………………………… (159)
　　一、风力发电装置总装后的试运转 ………………… (159)
　　二、风力发电机日常运转中应注意的事项 ………… (159)
　　三、风力发电装置的维护保养 ……………………… (160)
第十四章　FS-6型风力提水机组设计 ………………… (167)
　第一节　主要性能指标确定和技术规格 ……………… (167)
　　一、性能指标确定 …………………………………… (167)
　　二、技术规格 ………………………………………… (168)
　第二节　风力机参数的确定与计算 …………………… (168)
　第三节　水泵设计与匹配 ……………………………… (173)
　　一、泵的结构参数选取 ……………………………… (174)
　　二、扭矩调节器 ……………………………………… (175)

第五编　国家标准

中华人民共和国国家标准　户用沼气池施工操作
　规程 …………………………………………………… (177)
中华人民共和国国家标准　户用沼气池质量检查
　验收标准……………………………………………… (195)
中华人民共和国农业行业标准　秸秆气化供气系

统技术条件及验收规范 ……………………（204）

中华人民共和国国家标准　风力发电机组　型式与
基本参数 ………………………………………（236）

中华人民共和国国家标准　小型风力发电机技术
条件 ……………………………………………（237）

中华人民共和国国家标准　被动式太阳房技术条
件和热性能测试方法 …………………………（249）

中华人民共和国国家标准　民用炕连灶热性能测
试方法 …………………………………………（266）

主要参考文献 ………………………………………（284）

第一编　节能炕灶

第一章　炕灶的概述

第一节　炕灶的发展简史

一、炕灶的起源与发展

(一)炕灶的发展过程

1. 原始炕　我们的祖先以垒土为洞,上边支撑着天然石板,可防止火星外溅,免得酿成火灾。

2. 结构　将烧饭的简单锅灶与火炕相连接。

3. 出烟囱　发展成简单的炕体,并在炕的后端增设了烟囱。

4. 旧式炕　在炕内增设了落灰膛、闷灶、回烟洞,为延长贮热时间,又在炕内垫上一些炕洞土,成为现在的旧式炕。

(二)灶的发展过程

1. 原始灶　用3块石头顶个锅,这就是灶的雏形。

2. 旧灶　比原始灶进了一大步,用砖或土坯砌成一个框子,把锅坐在框子上,一侧开洞作为添柴口,设有出烟口和烟囱,这就是过去常使用的旧式老灶。

3. 改良灶　在旧灶的基础上加上炉箅子和通风道,其他方面和旧灶一样,与旧灶相比有了很大的进步,但热效率仅为

$12\%\sim14\%$。

4. 省柴灶 是在改良灶的基础上发展起来的,结构合理,节柴省时,热效率在 20% 以上。

二、旧式炕灶的弊病

(一)旧式灶的弊病

1. 通风不合理 没有通风道,只靠添柴口通风,燃料不能充分燃烧。

2. 锅台高,吊火高 锅台高于炕或与炕齐平,锅脐与地面距离大,火焰不能充分接触锅底。浪费燃料,造成"锅台高于炕,烟气往外呛;吊火距离高,柴草成堆烧。"的现象。

3. 添柴口大,灶膛大,进烟口大 这"三大"使灶内火焰不集中,灶膛温度低。使部分热量从灶门和出烟口白白跑掉。

4. 无炉算,无灶门,无拦火舌(挡火圈),无灶眼插板 旧灶因无炉算使灶内通风差,燃料不能充分燃烧;添柴口无灶门,大量冷空气进入灶内,降低灶内温度;无拦火舌(挡火圈),使灶内火焰燃烧的高温烟气在灶内停留时间短。旧灶无灶眼插板,灶眼烟道留小了,无风天抽力小,烟排不出去,不爱起火,易燎烟;灶眼烟道留大了,有风天抽力大,不爱开锅,做饭慢,灶内不保温,炕凉得快。所以,旧灶费柴(煤)、费工、费时,热效率低。

(二)旧式炕的弊病

1. 一无 炕内冷墙部分无保温层。

2. 二不 一不平,二不严。炕面不平,薄厚不均,阻力大,影响分烟和排烟速度。

3. 三阻 炕头用砖堵式分烟,造成烟气在炕头集中,停顿阻力大;炕洞用卧式死墙砌等,占面积大,炕面受热面积小,洞内又摆上一些迎火砖和迎风砖,造成炕内排烟阻力大;炕梢无烟气横向汇合道,而用过桥砖或坯搭成的炕面,造成排烟不畅,炕梢出烟阻力大。这三阻使炕不好烧,热得不均匀,两头温差大。

4. 四深 炕洞深、狗窝深、闷灶深、落灰膛深。这"四深"使炕内贮藏了大量的冷空气,当点火时,冷热气交换产生涡流,造成灶不好烧,并被冷空气吸去和带走很多热量。

总之,旧式炕灶由于这些弊病的影响,造成费柴不好烧,炕不热,屋不暖。

三、新式炕灶的特点

新式炕灶按照燃烧和得热的科学原理,合理地进行了设计。对炉灶的热平衡和经济运行进行优选,改革了灶(炉)膛、锅壁与灶膛之间相对距离、吊火高度、烟道和通风、炕内结构等设计,并在炕灶方面增设了保温措施,提高了余热利用效果,扩大了火炕的受热面和散热面。因此,新式炕灶的结构合理,通风良好,柴草燃烧充分,炉灶上火快,传热和保温性能好,炕灶综合热能利用率达到 50% 左右。所以,新式炕灶省燃料、省时间、好烧、炕热、屋暖、使用方便、安全卫生。

第二节 燃烧知识

一、炉灶的热量分配

随每千克燃料入灶,其热量为 Q_{DW},其中被有效利用的热量 Q_1,除此之外都被损失掉了。损失的去向有 6 个方面:一是排烟带走的热量 Q_2;二是不完全燃烧的损失 Q_3;三是机械

不完全燃烧的损失 Q_4；四是散热和渗漏损失 Q_5；五是锅体和灶体的蓄热量 Q_6；六是灰渣带走的热量 Q_7。其平衡式是：

$$Q_{DW} = Q_1 + Q_2 + Q_3 + Q_4 + Q_5 + Q_6 + Q_7$$

从热平衡图可以看出热量分配的去向（图1-1）。

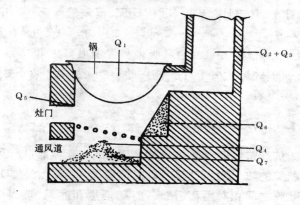

图 1-1　热平衡图

二、炉灶的热效率

热效率就是送入炉灶的热量中有多少被有效利用，或者说有效利用的热量占送入热量的百分比。写成公式以符号 η 表示热效率。则：

$$\eta = \frac{Q_1}{Q_{DW}} \times 100\%$$

式中：Q_1——有效利用的热量；

　　　　Q_{DW}——送入的热量。

举例说明：烧开5升水，用10分钟，烧0.75千克柴，水初温20℃升到100℃，即升高80℃，其有效热量＝水重×比热值×升温值。即为 $5 \times 4.19 \times 80 = 1676$ 千焦/10分钟，烧玉

米秆其发热 $Q_{DW}=14\,300$ 千焦/千克,故耗用热量为 0.75 千克×14 300＝10 725 千焦/10 分钟,故其热效率为:

$$\eta = \frac{\text{有效热量}}{\text{耗用热量}} = \frac{1676}{10725} = 15.63\%$$

注:水的定压比热值为 4.19 千焦/千克·℃。

三、各项损失的简要分析

灶的热量损失主要是排烟和不完全燃烧的损失,减少这些损失是研究省柴灶的主要着眼点。归纳起来主要因素有两个方面:一是燃烧方面,燃烧要燃尽和温度要高。根据农户热负荷的要求"合理设计灶膛;合理配置炉算;合理控制添柴速度;合理的烟囱配置。"燃烧愈完全,传热效果愈好,也是提高炉灶效率的关键。二是传热方面,高温烟气如何及时地把热量传给锅,这是提高热效率的另一主要关键。简单说,加大温差,增加传热系数和时间是加强传热的主要因素。

四、燃烧的条件

(一)燃　烧

农村一般燃用柴草的发热量在 3 000～4 000 千焦/千克,木柴高达 5 000 焦耳/千克。实际日常燃用柴草往往达不到此值,因柴草发热量与其含水量有直接关系(表 1-1)。

表 1-1　柴草发热量与其含水量的关系

含水量（％）	5	7	9	11	12	14	16	18	20	22
玉米秆	15444	15063	14682	14300	13651	13731	13349	12968	12587	12210
高粱秆	15767	15381	14992	14606	14414	14028	13643	13257	12872	12482

含水量 (%)	5	7	9	11	12	14	16	18	20	22
豆　秆	15746	15335	14971	14590	14393	14011	13626	13240	12855	12469
麦　秆	15461	15080	14703	14321	14175	13752	13374	12993	12616	12239
稻　草	14204	13852	13500	13148	12972	12620	12268	11916	11564	11212
谷　草	14816	14447	14083	13714	13534	13165	12800	12478	12071	11707
柳树枝	16345	15951	15541	15151	14954	14556	14154	13760	13362	12964
牛　粪	15402	14979	14606	14229	14037	13659	13282	12909	12448	12151
马尾松	18398	17958	17514	17074	16852	16408	15960	15516	15076	14631
桦　木	16995	16559	16148	15738	15528	15118	14707	14296	13890	13479
杨　木	14162	16274	15863	15461	15260	14858	14447	14879	13643	13232
棉花秆	15968	15574	15189	14795	14598	14212	13823	13433	13039	12654

注:表中数值为低热值,单位为千焦/千克

(二)空　气

燃烧一定量的燃料,就需要一定量的空气,如空气不足,燃料就会烧不尽。一般农家烧火时实际需要的空气量为8~9.6标准立方米/千克燃料。省柴灶并不是加强通风就能省柴的。应改善混合条件,增加炉箅有效通风面积,使空气混合良好,缩小灶膛容积,提高灶膛温度,促使空气充分利用。

(三)温　度

有燃料和空气,没有一定的温度是不能燃烧的。因此,温度的高低直接影响反应的进行。温度高时,化学反应速度很快,燃烧速度主要取决于充足的供氧并迅速扩散;温度低时,化学反应速度较慢,燃烧速度取决于反应速度;温度适中时,反应速度和氧气扩散速度都对燃烧具有影响。

根据上述,要使燃料完全燃烧必须具备4个条件:①必须具有一定的温度；②供给适当的空气量；③促进空气的扩散和流动；④要有足够的燃烧时间。

五、传　热

在炉灶中燃料燃烧放出的热量,要通过传热把它传给锅内物质,高温烟气通过对流和辐射把热量传给锅的外壁,然后经过导热再把热量传给锅的内壁,经过对流把热量传给锅内的水。它包括导热、对流和辐射 3 种传热方式。一般传热过程也都是这 3 种方式的综合,不过有主次之分而已,在省柴灶中主要的还是导热和对流。

(一)导　热

又称热传导。它是通过互相接触的物体本身,把热量从高温部分传送给低温部分的过程。锅壁中的传热和炉中的传热都是导热过程。导热系数值是在单位时间(小时)内,单位面积(平方米)上,沿导热方向上单位厚度(米),温度差为 1℃ 时所能通过的热量(表 1-2)。

表 1-2　常用材料的导热系数(λ 值)

材　料	λ 值	材　料	λ 值
铜	1257～1467	红　砖	2.93～3.35
铸　铁	167.6～209.5	土　坯	2.51
铝	754.2～838	温凝土板	2.51
烟　灰	0.21～0.42	水　垢	4.19～11.31

(二)对　流

若利用流动的液体物质或气体,把热量从这一物质传递给另一物质的过程,称做对流放热。此时流体作为一种载体依靠其流动把热量带走。流体的运动是受热（或放热）流体密度产生变化而引起的，这称做自然对流。也可以是人为强迫的。

(三)热 辐 射

热辐射是高温物体以电磁波的形式将能量（热量）传递给低温物体的过程。它并不依赖物体的接触，即使真空也能传递热量。

物体单位面积在单位时间内，对外辐射的能量称做辐射力。灶膛中高温火焰的辐射能量是很大的。提高灶膛温度，可以成倍增加辐射的能量，以加强换热。

第三节　炉灶的一些基本参数

一、热　量

采用千卡作为热量单位。1千卡热量标准是在标准的大气压力下，将1千克纯水由19.5℃升高到20.5℃时所需要的热量，称做1千卡或1 000卡。现规定采用千焦（kJ）作为热量的单位。它们的换算关系是1千卡＝4.186千焦。

二、温　度

温度是表示物质的冷热程度。但温度高，不一定含有热能多，因为这和物质的质量与比热有关，所以物质的温度并不表示含有能量的多少。以摄氏度即"℃"代表温度的单位。

三、比　热

比热是物理参数，若1千克物体使其温度升高（或降低）

1℃,其所需的热量或放出的热量称做比热,又称热容,符号用
C 表示。其单位一般写做千焦/千克·℃。水的比热为 1 千
焦/千克·℃,也就是说,1 千克水温度上升 1℃,需蓄存热量
1 千焦(表 1-3)。

表 1-3　常用材料比热 C 值

材料名称	C (千焦/千克·℃)	材料名称	C (千焦/千克·℃)
铝	0.92	混凝土	1.13
铜	0.38	橡　胶	1.38
铸　铁	0.54	水	4.186
钢	0.5	红　砖	0.84
玻　璃	0.67	土　坯	1.05

四、压　力

　　炉灶中空气或烟气的流动完全依靠压力差。压力是单位
面积上的作用力,它不是某一面积上的作用总力,所以它是物
质受力强度的衡量指标。在工程计算中,常采用每平方厘米
上作用 1 千克力作为单位,即千克力/平方厘米(kgf/cm^2),它
又称为 1 个工程大气压,简称为 1 个大气压。

　　压力也有用液柱高度来表示的,常用的液体是水或水银。
它们互相关系是:

　　1 标准大气压＝760 毫米水银柱高＝10 332 毫米水柱高

　　1 工程大气压＝1 千克力/平方厘米＝735.6 毫米水银柱
＝10 米水柱高

　　压力由于测量的基准不同,其概念也不同。常用的压力
表都是测量其和大气压力的差值。故测量的起点是大气压

力,这种压力称做表压力,表压力表现为正压力(大于大气压力),称为压力;若表现为负压力(低于大气压力),称为真空度。若以绝对真空作为起点来计量压力,则称为绝对压力。炉灶烟囱中产生的抽力,也就是真空度,一般以毫米的水银柱来衡量。用 U 形管压力计进行测量。

五、潜　　热

当在加热过程中物质的相态不改变,即原来是液体状态的仍保持液体状态,原来是固体的仍保持固体状态,那么随着加入的热量是多少,其温度也改变多少,所以这种热量称做显热,即这种热量的加入会改变温度。但是,若在加热过程中,物质相态正在变,如冰融化成水,或水蒸发成汽,此时物质的温度是不变的,此时加入的热量,称做潜热。即潜藏在物质内部的热能。如在 1 大气压条件下,把 1 千克 0℃的水烧开需热 100 千焦,而把 1 千克水全部气化则需 540 千焦,而且在吸热过程中温度不变。

六、流速和流量

在做省柴灶的定量分析时,测定空气和烟气的流速和流量是必要的手段。

(一)流　　速

流速是指单位时间内,液体或气体流动的距离。以米/秒,厘米/秒,米/分表示。

(二)流　　量

流量是指在单位时间内(小时、分、秒)流体通过管道或其他流道断面的数量。一般都以体积计,其单位表示为立方米/时、立方米/秒或升/分。

第四节 新式炉灶的设计

一、炉灶的大小和高度确定

炉灶整体的大小、高度要根据锅的大小、深浅和适应当地的生活习惯,使用方便而定。单灶的高低应考虑在锅台上操作舒适。炕连灶一般是七层锅台八层炕,即灶面比炕面低一层砖或一层坯。灶的高度如高于炕面,则影响烟气流通。

灶台的高度主要是依据锅的深度、吊火高度及炉算底面到进风道的距离(地面以下通风道除外)而确定。

二、进(通)风道的设计

将炉算以下的空间称为进风道(分灶门同向和灶门异向)。它的作用是向灶膛内适量通风供氧助燃,并起到贮存灰渣和预热进入灶膛空气的作用。进风口的实际面积应为炉算空隙面积总和的 1.5 倍。其高度和宽度为锅直径的 1/4。水平高度与炉算里端取齐。

三、炉算的选用与安装

炉算是进风助燃的主要通道,它的间隙程度和有效面积直接影响到燃料是否充分燃烧。

烧稻草的炉算为 300 毫米×240 毫米,间隙为 11～13 毫米。烧玉米秸和高粱秸的为 240 毫米×240 毫米,间隙为 10～11 毫米。烧枝柴的为 200 毫米×200 毫米,间隙为 7～9 毫米。

炉算摆放有平放和斜放两种。斜放是里低外高,相差

30～50 毫米。

炉箅位置：先将炉箅中心同锅脐上下对齐后，再往锅灶进烟口相反方向错开锅脐 30～60 毫米（视烟囱抽力确定）。

四、进烟口的尺寸与要求

进烟口根据烟囱的抽力、锅的大小、燃料品种及是否用吹风机确定。一般为 120 毫米×160 毫米～120 毫米×140 毫米或 100 毫米×160 毫米～100 毫米×180 毫米，使锅灶喉眼成扁宽形。为使烟气不直接入炕，须增设拦火舌或两侧设顺烟沟，使火焰和高温烟气扑向锅底后再通过灶喉眼入炕。进烟口要求采用导热系数小的保温材料构成。内壁要光滑、严密、无裂痕呈喇叭口形。一般进烟口的宽度大于或等于灶门的宽度，高度约等于灶门宽度的 1/2。

五、添柴（添煤）口的确定

烧柴大锅灶的尺寸为 120 毫米×160 毫米～120 毫米×200 毫米。烧煤大锅灶的尺寸为 120 毫米×150 毫米。如果口留得过高，会出现燎烟。口上缘应低于锅脐 20～40 毫米，并增设灶门，可使灶内保温，提高燃烧效果。

六、灶内吊火高度的确定

吊火高度是指锅底中心（锅脐）与炉箅之间的距离。烧硬柴的吊火高度以 18～22 厘米为宜。烧软柴的吊火高度以 15～20 厘米为宜。

七、大锅灶膛的套形要求

应用导热率低的保温材料套形。①烧柴草的灶膛套形：

对着灶喉眼处的锅肚与灶壁的距离为20～25毫米；灶喉眼两侧的左右锅肚与灶壁之间距离为30～40毫米；两侧要逐渐增大，直至灶喉眼相对的灶体墙位置。锅肚与灶壁的距离为40～50毫米；要增大锅缘下的空间，使烟气上升到锅缘处后再入炕内。在使灶膛边缘能支撑住锅重情况下，尽量缩小锅与灶壁的接触面积，以扩大锅与烟气的接触面积。锅与灶壁接触面以不超过20毫米为宜。②烧煤灶膛套形：对着灶喉眼处的锅肚与灶壁距离为15～20毫米；两侧逐渐增大，使锅肚与灶壁距离为20～30毫米，直至灶喉眼相对的位置，使锅肚与灶壁距离为30～40毫米。这样，只有少量烟气能直接入炕，而大量烟气则先扑向锅底，再从两侧烟沟流入炕内。

八、喉眼烟道应设铁插板

增设喉眼的烟道插板，可以对烟道入炕烟气所需断面大小进行适当调节控制，以便在灶膛内充分利用烟火热量。铁插板的厚度为3～6毫米，宽度应等于喉眼、烟道宽度。可用1毫米厚铁板做成插板箱，镶入烟道上面。

九、锅台表面粉刷与处理

粉刷锅台表面，可防止气体和水分浸蚀砌体，又便于洗涮台面，保持洁净。锅台表面一般用水泥砂浆抹面。每立方米砂浆可按表1-4配制。锅台抹面前，应将砖表面的浮灰扫净；如表面干燥，可洒水湿润，使砂浆与砖面粘结牢固。

表 1-4　锅台表面砂浆配比　（单位：千克）

砂浆名称	水　泥（400 号）	中　砂
100 号水泥砂浆	327	1690
50 号水泥砂浆	200	1700

第五节　常用的几种节柴灶

一、榆树 83-1 型灶

(一)节柴灶的基本施工方法

1. 备料　红砖 80 块,中砂 0.3 立方米,水泥 15 千克或土坯 40 块左右,炉算 1 个,黄土、水适量。

2. 搭法　按习惯搭法进行。但必须保持"一深、一补、三小"的原则。即通风道深,补拦火舌,跑烟道小,灶门小,灶膛小。

(1)一深　挖长 80 厘米,宽 24～40 厘米,深 40～50 厘米的通风道。与灶门呈垂直角度,形成异向通风。

(2)一补　在跑烟道处补拦火舌,拦火舌顶部与锅的距离为 1～3 厘米。

(3)跑烟道小　跑烟道(喉咙眼)高 11 厘米,宽 15 厘米,呈喇叭口形,倾斜度为 30°。

(4)灶门小　灶门高 12 厘米,宽 16 厘米。灶门上沿低于锅脐 3 厘米。并将一块横砖打成 22°角平放在灶门上沿,向外倾斜。灶门墙厚为 12 厘米。

(5)灶膛小　灶膛可根据铁锅大小而定。燃烧室套成半圆形,燃烧室以上的灶膛部分套成垂直形。锅沿与灶壁接触不得超过 2 厘米。不要凸凹不平,防止椭圆套泥不均匀。吊火高度(炉箅与锅脐距离)为 15～17 厘米(图 1-2)。

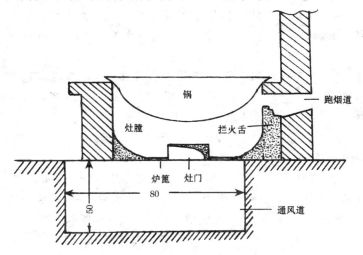

图 1-2　榆树 83-1 型省柴灶示意图　(单位:厘米)

(二)节柴保温炕基本施工方法

1. 备料　按通常 1 间房炕长 3 米,宽 1.8 米,高 0.54 米计算。用红砖 120 块,水泥 10 千克,黄土、中砂、草木灰或细炉渣适量,土坯 180 块左右。

2. 砌炕墙　用红砖砌成。距炕头墙 80～90 厘米处留闷灶口,高 18 厘米,宽 18 厘米。一次弧形分烟:对准跑烟道(喉咙眼)的 24 厘米处(横烟道),立坯 3 块,呈 150°角为弧形分烟坯。两侧二、三次分烟:在弧形分烟坯两侧,各立坯两块,呈150°角。其间距为 23～24 厘米,深为 18～20 厘米。以上三项构成了长 180 厘米,宽 90 厘米,深 34 厘米的落灰膛。

(1)立坯炕洞　炕洞用侧立坯往炕梢顺延。横洞为 10～

15 厘米(清灰洞)。顺洞间距不小于 11～12 厘米,构成 6～8 个洞。

(2)尾部分烟 炕梢尾部距离炕墙 24 厘米处留做横烟道。出烟口一侧设 4～6 个洞,每隔一个洞放"T"字形拢烟坯。

(3)三角回风洞 距烟囱根部 5 厘米处,在炕内部砌长 50 厘米,宽 12～15 厘米,深 10～12 厘米的洞。尾部呈三角形,空洞上部用砖铺平与炕填土位置保持平面。

(4)出烟口 高 12 厘米,宽 16～18 厘米,倾斜角为 30°。烟囱内径 18 厘米×18 厘米。

(5)摆炕面坯 炕面坯的摆法,一般炕头顺放,中间横放,炕梢顺放为宜。坯要放平稳牢固,放炕面坯前,在炕梢撒一层 3 厘米厚干土或草木灰,使炕梢比炕头高 2～3 厘米(图 1-3)。

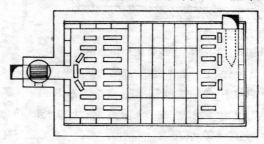

图 1-3 榆树 83-1 型炕示意图

(三)节柴灶(连炕)的主要构成与性能特点

1. 异向通风道 在炉箅下挖 1 个长 40～50 厘米,宽 20 厘米,深 20 厘米的通风道进行异向通风。具有通风力强、火力集中、燃烧充分、传热快的特点。

2. 拦火舌 位于跑烟道处,呈三角形。其作用是有效利用热能。

3. 燃烧膛 灶膛要小而适宜,使燃料集中燃烧,火苗燎到锅底,热量均匀分布。

二、弧形节柴灶

弧形节柴灶因灶内砌有弧形挡烟墙而得名。由于灶膛内正对进烟口的弧形挡烟墙距锅底只有 10～15 毫米,并向两边逐渐增大,只有少量的烟火可从这一空间进入炕内,大量的烟火扑向锅底后,顺着锅形再从两侧进入炕内。这样使大锅底面受热面积大,开锅快,节省燃料。

这种灶的炉算放法是从大

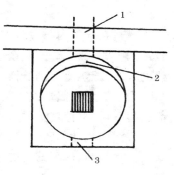

图 1-4 弧形节柴灶平面图
1. 进烟口 2. 月牙形挡烟墙
3. 添柴口

锅底面的锅脐为中心点,炉算中心对准锅脐,再向进烟口相反方向错开锅脐 30～60 毫米即可。弧形节柴灶搭法、尺寸和结构见图 1-4,图 1-5。

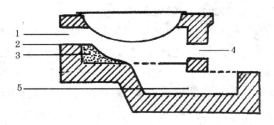

图 1-5 弧形节柴灶纵剖面图
1. 进烟口 2. 月牙形挡烟墙最高点 3. 月牙形挡烟墙
4. 添柴口 5. 地下通风道

17

第六节 炕的传热原理及结构形式

燃料在灶膛内与氧较充分混合燃烧后,产生热烟气,其热量被锅吸收一大部分,其余一部分烟气进入炕洞,通过对流导热的方式,把热量传到炕面和炕墙。

为了有利于热烟气流动和传热,在炕洞的结构上则取消前后落灰塘,拿掉炕头的分火砖,炕洞进行合理摆布,减少烟气在炕洞内流动的阻力,减少炕头、炕梢的温差,以求达到省柴、省时、炕热、屋暖的目的。

一、炕体各部位的砌筑要求

(一)炕墙的砌筑与要求

火炕周围的墙称做炕墙。一般砌一侧或两侧,炕墙高度为 50 厘米。在砌筑时,炕梢部分的炕墙要比炕头部分高 2~4 厘米,砌体要严密,炕墙外皮要勾缝或抹面,里墙皮要用草泥或沙泥抹 1~1.5 厘米厚,以防止烟气外漏。

(二)炕内四面墙的保温处理

炕内保持一定温度和严密性是火炕好烧的先决条件。火炕所处的外墙部分,若处理不好,常因冷空气渗透使炕内温度很快降低,这是火炕不热、炉子不好烧、费燃料的主要因素之一。为此,应在外墙的里面进行保温。方法是先在外墙表面用草泥或沙泥抹严,然后距外墙 2~4 厘米处砌立砖墙,用沙泥抹严,在所留 2~3 厘米缝隙内填入干细炉渣、锯末、草木灰等保温材料,作为冷墙部分的保温层。

(三)炕内分烟与炕洞摆法

1. 炕内分烟 目的是使炕面的温度均匀,烟气在炕内分布均匀。

(1)炕头角度式分烟法　有船头形、弧形、斜砖式、放射式等。

(2)炕梢缓流式分烟法　把火炕的炕头分烟改成炕梢分烟。在与烟囱进烟口相对的第一排炕洞上,用 12 厘米×12 厘米的砖头砌筑。正对烟囱中心的缝隙较小,然后缝隙应逐渐增大,使炕梢烟气形成缓流,排除不热的死角。此法使炕头的空间大、阻力小,烟气流速快,又不易堵塞,调节了炕头与炕梢的温差,提高了炕梢和烟囱根部的温度。

应根据炕的搭法、烟囱和炉灶位置确定分烟砖的摆法。

2. 炕洞摆法　炕洞是烟气流动的通路,炕面的热量主要是由炕洞内的高温烟气通过流动传给的。因此炕洞的深浅和宽窄将直接影响炕面温度。

炕洞的数量应依据火炕的宽窄和炕面材料的大小而定。一般 1.8 米宽的土坯炕为 4 个洞,砖炕为 7 个洞,而石板和红砖水泥的或特制大坯可少些。

(1)炕洞尺寸　主要取决于排烟量和传热效果。在炕洞宽度一定的条件下,可以用炕洞的深浅来调节炕洞的断面尺寸。实践中以炕内垫土的高低来解决。炕头部分烟气温度高、体积大、烟气集中,洞深应为 18～24 厘米,而炕梢有 8～10 厘米即可。施工时应采用坡形垫土法,先在炕内按 2% 的坡度(炕头低、炕梢高)填土找平、压实,直至剩三层砖高或一横立坯为止,随后摆炕洞。各洞摆好后,用干细炉渣或干土铺成要求的坡度。这样可使烟气在炕洞流动时沿炕洞的表面冲刷炕面,其冲刷速度越快,传热效果越好。同时,炕洞有坡度,烟气向上流动,减少阻力,因此,灶好烧,炕热得快。

(2)炕洞隔墙　为使倒卷帘形的回洞炕烟气回流,来去烟气不混杂,达到炕头与炕梢温度适宜,须在烟气正反向流动中间设隔墙。隔墙面抹一层草泥或沙泥,要求抹得严密,确保烟囱抽力。

(四)炕面处理

炕面处理包括炕面材料处理和炕面泥处理。

1. 炕面材料处理 常用的炕面材料有土坯、砖、石板、红砖、水泥块及特制的炕面板。要在炕面四边围墙上抹一层草沙泥,侧面也要抹泥,使炕面四周边缘严密。为了增大炕面的受热面积,炕洞均采用立砖挡法。为防止局部过热,可在炕头部分放上双层炕面。炕面砖要挤紧、挤严,稳定平整。

2. 炕面泥处理 炕面砖上应用草泥或沙泥抹 2 遍,第一遍可用草泥抹 1.5~2 厘米厚,第二遍抹细沙泥 0.8~1 厘米厚,最后压实抹光。

二、常用的几种炕型

(一)白城Ⅰ型炕

炕长 3 米,高 50 厘米,宽 180 厘米,采用特制砖水泥块铺砌,每块砖尺寸是 50 厘米×30 厘米,炕面共需 36 块,炕底面用 5 排砖支承。正面炕墙用活砖留 6 个清灰口。

1. 砖水泥块的制作 用 400~500 号水泥和中砂制成,比例为 1:2~3。先将砖用水浸湿洗净,以便水泥砂浆与砖牢固结合。然后在经压实的水平地面上铺 10 块砖,每块砖缝为 5~10 毫米,再用水泥砂浆浇铸抹平,抹面厚度为 10~15毫米,养生 20 天后可以使用。

2. 底炕的砌筑 首先把地面压实整平,横砖砌 5 行垛,每行高 5 层砖,垛与垛之间宽度为 36 厘米,然后将底炕面砖铺在垛上,并与垛对齐。

3. 炕内分烟与炕洞摆法 在底炕面上用 12 厘米×12 厘米砖块,按炕面砖的尺寸砌成 9 个支承垛和 1 道拦烟墙,其长度为 74 厘米,砖缝要抹严。垛与垛中心距为纵向 50 厘米,横向 62 厘米。在横向第三排两侧烟道和第四排垛中间烟道分别设溢流砖,其高度比垛低一层砖,组成纵向 3 个烟道、横向 6 个洞的花洞炕。

炕洞要按 2% 的坡度施工,炕梢应高于炕头 6 厘米。炕洞深度为炕头 18～20 厘米,炕梢 12 厘米。分烟在第一排垛与第二排垛中间对着灶喉眼设人字分烟砖。在正面炕墙垛留清灰口,用活砖横立堵上,每块活砖上可用水泥浇铸一个铁环,以备清灰时取出活砖。砌活砖时要注意往炕墙里缩进 3 厘米,铺炕面砖要比炕墙垛短 6 厘米,以便安装炕檐。具体布置形式见图 1-6,图 1-7。

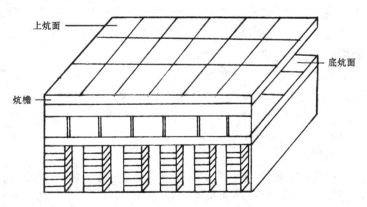

上炕面

底炕面

炕檐

图 1-6　白城 I 型炕示意图

4. 炕周边与烟囱根部处理 除正面炕墙外,其余三边都砌立砖,并与冷墙留 2～4 厘米空隙,以便充填保温材料(干炉灰渣、珍珠岩等)。在烟囱根部砌成深 30 厘米,宽 40 厘米,向

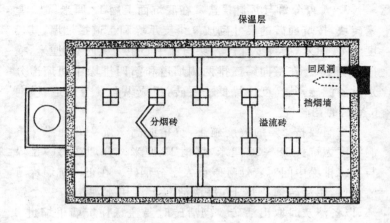

保温层

回风洞

挡烟墙

分烟砖

溢流砖

图 1-7　炕洞剖面图

炕里水平伸进长 50 厘米的回风洞,上边用坯铺平,出烟口处斜放一块铁片,前低后高,伸向烟囱 1/3 部位,以免犯风倒烟。溢流砖起分烟缓流作用。挡烟墙使烟气在炕梢部位缓流,增加炕面温度。

5. 炕面处理　炕面砖要挤紧、挤严,用草泥和沙泥抹 2 遍。第一遍草泥抹 2 厘米厚,第二遍用沙泥抹 1 厘米厚。

6. 需用材料　砖 650 块左右,水泥(400～500 号)100 千克,中砂 300～400 千克。

7. 特　点

(1)结构合理,受热均匀　炕洞内烟道过流断面面积大,阻力小,利用角度分烟和烟道内溢流分烟,使烟气较均匀地分向整个炕面。在炕梢又有挡烟墙,炕梢洞浅,烟气紧贴炕面砖流动传热,缩小炕头、炕梢的温差。

(2)传热面大　烟气与炕面接触面积大,炕洞内支承架小,烟道流通面积大,烟气直接传热面积占炕总面积的 85%

左右,比旧炕增加了 35%。因此,炕热得快而均匀,热效率高。

(3)省工、卫生、清灰方便 正面炕墙留有 6 个活砖清灰口,每年只需打开活砖清扫炕洞灰 2~3 次即可,不用年年扒炕。

(4)炕散热快 这种炕是用上下炕面组成,两面散热。所以,散热快,室内增温也快。

(二)镇赉新炕

镇赉新炕是一种花洞大坯炕,用特制的 45 厘米×45 厘米×7 厘米的大坯铺炕面。四洞六引砌筑一道排烟墙,其长度是炕宽度的 1/2,炕宽度是 180 厘米,炕洞内支承墙的断面尺寸是 12 厘米×12 厘米。炕洞深度为炕头 20 厘米,炕梢 12 厘米,炕洞按 2% 坡度垫炉灰渣或干土。正面炕墙用砖(坯)砌筑,自 5 层砖以上留有 7 个清灰口,用活砖堵塞,活砖上可用水泥砂浆浇铸上 1 个铁环,以备清灰时取出活砖。炕四周设保温层,并在烟囱根部设烟囱插板以便炕保温(图 1-8)。

这种炕的结构具有以下优点:①保温。排流墙加大烟气流程,减缓流速,增加烟气传热时间,使烟气均匀分布,炕头、炕梢温差小。②简便、省工、卫生、清灰方便,不用年年扒炕、搭炕。③散热面大。烟气与炕面传热接触面积大,比旧式炕增大 30% 左右,散热率高。④省料。就地取材,成本低,共需砖约 200 块,也可全用坯搭成。

(三)转 洞 炕

黑龙江Ⅰ型回龙炕见图 1-9,图 1-10,图 1-11,图 1-12。

这种炕洞结构适用于炕和烟囱在一侧的布局。这种结构又称做倒卷帘、回龙炕。这种炕结构有以下优点:①烟囱设置在间壁墙中并可吸取灶体的热量,所以烟囱的保温好,抽力

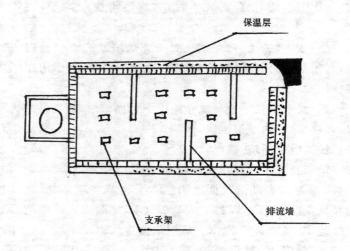

图 1-8 炕平面图

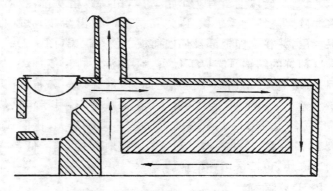

图 1-9 炕洞下方回龙烟道示意图

相对较大；②排烟性能好，烟气在炕中停留时间大大加长，排烟温度较低；③炕热时间长，便于用 2 插板控制排烟，烟直接排入烟囱或经炕再排入烟囱，这样可以避免夏季炕温过高，另

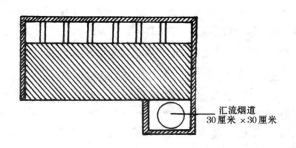

图 1-10 横断面示意图

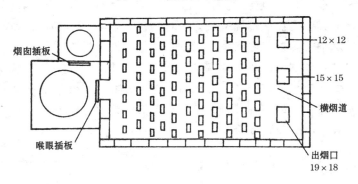

图 1-11 转洞炕(黑龙江Ⅰ型炕)平面示意图 （单位:厘米）

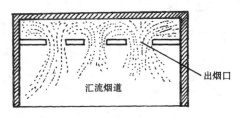

图 1-12 出烟口断面示意图

一方面避免升火开始的燎烟现象。但是这种炕路程较长,排烟温度较低,在配置炕洞时,阻力不宜过大。

这种回龙炕烟道设置在炕洞下方,这样可以使烟气流道截面积加大,流速降低,不但降低了阻力,而且延长了换热时间,并可减少炕洞土层中的热损失,是一举多得的好方法。

新式炕的主要优点是:①结构合理,减少烟气阻力;②炕内冷墙部分增设了保温层,减少冷墙部分的热损失;③炕洞布置合理,把炕内平行垫土改成炕洞上下合理高度和阶梯形及坡形垫土;④炕面砖严而平,并按 2% 坡度铺设,炕面抹泥平而光滑无裂缝;⑤提高炕温,炕洞墙立砖(坯)少,废除炕内挡火砖和迎风砖,炕洞内平整通畅,为炕内创造了合理的热辐射、热对流、热传导的良好条件,提高炕梢温度,缩小了炕头与炕梢的温差;⑥炕热均匀,把旧式炕的炕头堵式分烟改为角度式分烟或改成炕梢缓流式分烟的结构,延长烟气在炕头停留和散热的时间;⑦保温,停火时有灶眼插板和烟囱插板的控制,使炕保温。因此,新式炕具有省柴、省煤、省工、省时、好烧、炕热、屋暖等特点。

第二章　烟　囱

烟囱要有抽力,但抽力不宜过大。烟囱抽力过大,一方面会使冷空气过多进入灶膛降低燃烧温度,另一方面增加了排烟热损失,这就是所谓好烧、火旺,但并不节省燃料。空气进入量主要靠烟囱抽力大小决定。

第一节　烟囱的设计

一、民用烟囱布置形式与形状

民用住房烟囱一般有 5 种形式:前墙烟囱、后墙烟囱、山墙烟囱、间墙烟囱和与房屋主体断开的独立烟囱。烟囱应设在防潮、干燥、保温处。烟囱的密闭性能以间墙烟囱排烟效果最好。

烟囱形状以圆形为最好,阻力小;明角或暗角会形成阻力,降低烟气流速,产生涡流。烟气在烟囱内是旋转上升的。方形四角阻碍烟气流动,使烟囱的抽力减少;烟气在圆形烟囱内基本不受阻碍而直接旋转上升,抽力大。

二、烟道和烟囱出口截面的确定计算公式

烟道和烟囱出口截面(F,平方米)的计算公式为:

$$F=\frac{GV_0(1+\frac{t}{273})\alpha}{3600V}$$

式中：G—燃料消耗量，千克/小时；

V₀—0℃时，1千克燃料产生的气体体积，立方米/千克；

Gg—燃料热值，千焦/千克；

t—烟气温度（可近似取100℃）；

α—过剩空气系数（可取1.2～1.4）；

V—烟气流速（可取1.5～2米/秒）。

而 $V_0 = \dfrac{0.89Gg}{1000} + 1.65$

烟气在炕的出烟口处温度低，体积缩小，流速可按1.5～2米/秒计算。

实践证明，方形内烟道断面以≥12厘米×18厘米，圆形直径≥16厘米为宜。

三、烟囱高度的确定与计算

烟囱抽力计算公式为：

$$S = n(r_1 - r)（毫米水柱）$$

式中：n—从炉灶至烟囱的高度（米）；

r₁—空气容重（千克/立方米）；

r—烟气容重（千克/立方米）。

为调节烟囱抽力，可设调节活塞，在烟囱下部留有一方（圆）形孔，用活砖堵住。当夏季炉灶不好烧，或因长期不烧点火冒烟时，将活塞打开，点火烘烤3～5分钟后堵严活塞，再烧就不倒烟了。烟囱高度的计算：

$$H = \dfrac{R}{B\left(\dfrac{1}{273+t_1} - \dfrac{1}{273+tpi}\right)}$$

式中：H—烟囱高度（米）；

R—克服炕灶和烟囱等总阻力（千克/平方米）；

B—大气压力（毫米水柱）；

tpi—烟囱内烟气的平均温度（℃）；

t_1—空气温度（℃）。

平房烟囱高度一般为 3.5～5 米。当烟囱在屋脊附近时，应高出屋脊 0.5 米以上，并将烟囱设在主导风向的下风向和静压分布的负压区。

四、烟囱插板的作用

设插板可控制烟囱抽力大时的烟气流量，减少烟气带走的热损失，缩短开锅时间，节省燃料，延长炕保温时间。烟囱插板有推拉式、翻板式、滑轮升降式等。

第二节　烟囱的砌筑

一、砌筑质量标准

要选优质砖浸湿，灰缝饱满；烟囱要垂直，内径光滑，上下密闭性好，一般高于房脊 0.5 米以上为宜。

二、内壁安装要求

用无裂痕的陶瓷管，两管接合处要严密，上管和下管连接应垂直，管周围与烟囱砖砌体的空间，应用水泥砂浆和小碎砖块灌满捣实。

三、保温、防潮应注意的问题

(一)保 温

保温分实心保温和空心保温。

1. 实心保温 用陶瓷管做烟囱内壁时,可在管与砖墙间隔的空隙内添入干细炉渣等。

2. 空心保温 砌筑时,使烟囱内外壁砖体之间留出30～50毫米的密闭空间,可起到用空气保温的作用。

(二)内壁局部处理应注意的问题

烟囱下部进烟口的尺寸,应根据炉灶多少和所用燃料燃烧时产生烟气的大小来确定,一般应是炉灶喉眼的3倍。进烟口内壁要严密、光滑,其上缘应高于炕面板的底面,进烟口的两侧要有斜度(外口稍大些),以减小对烟气的阻力。烟囱与房板接触的地方,连接要严密,以防失火。

第三节 病态烟囱的维修

一、检查方法

用反照法和烟火法,可迅速做出烟囱内部是否畅通、弯曲、堵塞、挂霜、潮湿等的正确判断。

(一)反 照 法

在烟囱底部,用一面小镜子反照烟囱顶部,观察烟囱内部。

(二)烟 火 法

在烟囱底部点燃茅草,观看烟火状况。如烟气全部进入烟囱,则烟囱畅通;如一部分烟气进入烟囱,说明烟囱潮湿,精细不匀、弯曲、有障碍或密闭不严,会出现烟囱抽力小、排烟慢、炉灶有时倒烟;如烟气一点不进,直向外扑,或烟气垂直上升,摇晃不定,说明烟囱堵塞,应查找原因,排除障碍。

二、烟囱故障排除方法

(一)杆 透 法

如烟囱内有垂直挂灰或被砖头、瓦块堵塞,可用木杆从烟囱顶部从上向下疏通。

(二)拉 拽 法

烟囱内弯曲并挂有较多烟灰时,可用 1 根绳绑上旧布团,往复拉拽几次,直至除干净。

(三)火 烧 法

烟囱内挂烟垢、油垢,日积月累形成很厚一层,影响烟气流动,可将引火物放在烟囱根部燃烧 10～20 分钟,直至全部脱掉为止。冬季烟囱内挂冰、霜或夏季温度大,潮气多而使炉灶闷炭、截柴、无抽力、冒烟,用此法也可达到较好的排除效果。

(四)刻 腹 法

在砌筑或维修时,砖头、瓦块等物死死卡在烟囱中,用木杆不能排除时,可用此法。即用杆探出堵塞位置,然后打 1 个孔,排除堵塞物。

第三章 灶炕常见故障与排除方法

第一节 炉灶常见故障与排除方法

一、炉灶燎烟排除方法

不管外界有风无风,炉灶经常是边烧边往外冒出少量的烟,这叫做燎烟。其产生原因有:①炉盘放得不平,里低外高,进烟口过小,有透风之处;火炕的进烟口低于炉盘或小于炉灶进烟口。②大锅灶的添柴(煤)口过高,进烟口过低、过小;灶膛处理不当或积灰过多,空间过小。③使用鼓风机初点火送风量过大。④炕头处理狭窄,障碍过多,影响烟气扩散和流动,火炕有轻堵现象,新炕炕内湿度大等。

排除方法:①炉盘放平,或里高外低,相差 10~15 毫米。②大锅灶添柴(煤)口不要过高过大,一般烧柴不大于 120 毫米×200 毫米(高×宽),烧煤不大于 120 毫米×150 毫米,添柴(煤)口上缘应低于锅脐 20 毫米以上。大锅灶的进烟口不应过小。进烟口的底边应高于大锅的锅脐,上缘要薄,进入炕部分要抹圆滑,并有坡度呈扁宽形。③用鼓风机初点火时,送风量要小些,等灶膛温度升高后,燃料烧旺时,再加大送风量。④把使用剩下的砖头、坯头排除干净。增大炕头空间,使烟气进入炕头后能迅速扩散并流向炕梢。炕内湿度大或烟囱内有潮气、水珠、结霜等,在烟囱底部用引火物烧 5~10 分钟,使烟囱内壁干燥。

二、炉灶犯风排除方法

外界有风时,炉灶一会燃烧,一会自然冒出一股烟,有时带有少量火苗,马上又恢复正常,如果不断地出现这种冒烟现象,叫做犯风。

产生原因:①灶、炕、烟囱砌抹不严,有透风处,遇风后就往外返烟。②烟囱过矮,并处于风向混乱处,受附近建筑物或树木的影响。

排除方法:①把灶、炕、烟囱四周墙抹严密,在冷墙与外接的墙体处增设保温设施。②烟囱矮要加高,高出屋脊 0.5 米以上。③附近建筑物和树木有影响时,可在烟囱顶部安 1 个随风转动或"工"字形的烟囱帽。

三、炉灶倒烟排除方法

无风天烧火时,从灶门往外冒烟火,叫炉灶倒烟。

产生原因:①炕内烟灰过多,烟囱底部落灰过多而堵塞。②烟囱内堵塞或潮湿、结霜、挂冰等。③无风天气压低,间断烧火,炕内温度低,潮气大,烟气流动缓慢。

排除方法:①如果炉灶冒烟非常厉害,而炕各处都不冒烟,主要是炕头堵塞,应重新扒砌,排除炕头多余砖头。如果炉灶和炕四处冒烟而烟囱不冒烟,是炕梢烟囱根部出烟口及烟囱内堵塞,应修理炕梢内部,排除障碍物。②如果烟囱内潮湿、结霜、挂冰等,或在无风天气压低,间断烧火时,炉灶出现倒烟,只须在点火前先用引火物在烟囱底部燃烧 5～10 分钟,使烟囱内壁干燥,温度升高,烟囱内的烟气上升速度增快,即可解决倒烟问题。

四、炉灶截火排除方法

灶内烧火时不爱起火苗,火焰不亮,燃料发黑表面发焦,叫做炉灶截火。

截火有两种,一种是炉灶边冒烟边出现燃料发黑,不爱起火;另一种是灶不冒烟,炉灶内燃料发黑,不起火苗。

通常大锅灶的截火现象称为截柴,烧煤炉的称为闷炭。

产生原因:①每次添柴草或加煤过多、太勤。②平地搭的大锅灶通风不好。③炕内堵塞,炕梢低于炕头,炕洞过深,新搭的炕内湿度大,新砌烟囱内湿度大,潮气多。④烟囱内部或烟囱底部出烟口过小或堵塞,烟囱内潮湿、结霜、挂冰。

排除方法:①在烧柴草或煤时,做到少添、勤添、勤看,掌握好加柴(煤)火候,使柴草(煤)能充分燃烧。②将大锅灶改为风灶,使空气从炉算进入炕内,达到充分燃烧的目的。③炕内如有堵塞,立即排除,炕梢低于炕头的需重搭,炕洞过深的用干土或炉渣垫高些。④烟囱根部出烟口过小,应根据炉灶多少和燃料情况适当增大。烟囱内有堵塞立即排除。新炕和烟囱内湿度大,用引火物在烟囱根部烧几分钟,使烟囱干燥为止。多炉灶的炕,应加粗加高烟囱。

五、炉灶打呛排除方法

产生原因:①炉灶烧油类,产生爆发性燃烧造成。②灶内添燃料过多,使火一时难以燃烧。③炕内堵塞或潮湿,烟气流动受阻。④炕、烟囱砌筑不合理,障碍多、阻力大造成。

排除方法:①在烧煤、烧柴草时少添、勤添,使燃料有充分燃烧的时间和空间。②使用鼓风机时要先慢后快,合理控制风量。③炕堵塞立即修理,清扫灰土,排除故障。④用湿煤封的炉,在用火前,先扎开煤层表面,再轻透炉底,使煤逐渐燃烧。严禁倒油类助燃或用鼓风机突然猛吹。⑤烟囱砌筑结构不合理又不能重砌的,可在屋内炕墙两头打开 2 个孔洞(直径 12 厘米),贴上一张厚纸密封,当灶打呛时,纸在压力下先破,以避免打呛造成炕面撬起遭到破坏。

六、炉灶没抽力排除方法

产生原因:①炕四面墙及炕面抹得不严、透风。②烟囱矮,不严密。③多灶处的炕未将不烧的炉灶堵严。④炕内、烟囱内湿度大。

排除方法:用引火物在烟囱底部烧 5~10 分钟排除潮气;炕内和烟囱根部放 1 层塑料薄膜或油纸做防潮层。

七、炉灶平时好烧,偶尔冒烟排除方法

产生原因:①烟囱有不严处。②遇到风向不定的大风和旋风。③附近建筑物和树的影响。④伏天无风气压低,间断烧火时间长,烟囱内潮湿。

排除方法:①烟囱内套严,外部上下缝勾严。②烟囱内潮湿排除方法如前所述。③在烟囱顶部安 1 个随风转动的烟囱帽。

八、炉灶有时犯南风、有时犯北风排除方法

产生原因:炕和烟囱抹得不严,有透风之处,有时受物体和地形影响。

排除方法:①炕四周墙体抹严。②烟囱应高出屋脊 0.5 米以上。③为排除物体和地形影响,可在烟囱口上安 1 个三通、"工"字形或随风转动的烟囱帽。

九、炉灶边烧边往外冒烟排除方法

产生原因：①炉灶过高与炕高低差过小。②炉盘放得不平，里低外高。③喉眼过小，不严密，两侧透风。④喉眼上边的挡砖过低影响排烟。⑤炕内狭窄，障碍过多，影响烟气分散和流动。

排除方法：①炕为 8 层砖，炉灶高度应在 6 层砖以下。②炉盘放平或里高外低，相差 10～15 毫米。③如燃料烟气大或用鼓风机，应适当增大喉眼尺寸。④喉眼上边挡砖应稍高于炉盘，并有一坡度。间墙的喉眼应大于或高于炉灶喉眼。⑤根据烟囱位置和烟气流动情况合理分烟，清除炕内多余砖头，增大炕头空间。

第二节　大锅灶常见故障与排除方法

一、省柴灶不省柴排除方法

产生原因：①吊火高度留得过高。②灶喉眼过大；灶内拦火舌或拦火圈控制范围过小。③添柴（煤）口过大，过敞，没设灶门插板，进入灶膛的冷空气过多。④每次添柴草（煤）过多，造成灶膛空间过小，烟气过多，燃料难以燃烧。

排除方法：①提高吊火高度。②控制火大量外冒。③改小灶门。④少添勤添燃料。

二、新砌的大锅灶有时冒烟、火不旺排除方法

产生原因：灶膛湿泥套后未干，湿度大。

排除方法：尽快将灶膛烧干，这种现象即可消失。

三、大锅灶燎烟排除方法

产生原因：①添柴口过高。②进烟口过小。③炕堵塞或烟囱排烟不畅通。④灶膛处理不当或积灰过多,空间过小。

排除方法：①添柴口不要过大、过高。一般不大于 12 厘米×12 厘米。烧煤灶不大于 12 厘米×15 厘米,添柴口上缘应低于锅脐 2～4 厘米;添柴口的上边要同进烟口(灶喉眼)的底边平齐,进烟口高于锅脐。②进烟口不要过小,应根据燃料产烟量来确定;在进烟口最好安 1 个烟插板,以调节进烟的烟气流量。③炕和烟囱如被堵塞应立即排除。④每天烧火前应除尽灶膛余灰,增大灶内空间。

四、烧大锅灶散柴排除方法

产生原因：①每次添柴量过多,次数太多。②通风不好。③炕内堵塞,炕梢低于炕头。④烟囱内或底部出烟口过小或堵塞、潮湿。

排除方法：①在烧火时要做到少添、勤添。②炕梢低于炕头的炕需重搭砌,炕梢应高出炕头 5 厘米左右。③烟囱底部出烟口不应过小。烟囱内堵塞物要立即排除,炕梢烟气汇合道狭窄的应适当增大。烟囱内有冰块、结霜和潮湿时,用引火物烧几分钟,使烟囱内干燥。

五、烧大锅灶不爱开锅排除方法

产生原因：①锅脐距炉箅过高,火焰不能环锅底燃烧。②灶膛太大,灶内温度低。③进烟口过大,烟囱、炕的抽力太猛。

排除方法：①根据燃料种类、产生烟气与灰烬量的多少,适当缩小灶膛。锅脐与炉箅间距要适当,烧煤为 10～15 厘米,烧柴为 15～18 厘米。②适当缩小进烟口,有条件的可在进烟处装 1 个灶眼插板以控制烟气流量。可砌拦火舌或拦火圈,强制火焰和高温烟气经锅底后再进入炕内。

六、锅有时一面开锅一面不开锅排除方法

产生原因:灶内炉箅放得不正,火焰不能对准锅底中心;灶膛左右套泥不均,距锅尺寸不相等。

排除方法:炉箅中心应对准锅底中心,以灶的进烟口为点,根据烟囱抽力大小,往进烟口相反方向错离 3～5 厘米。锅热的一面多抹一层泥,锅冷的一面少抹或削去一层泥。灶内挡火墙的中间应高一些,两侧稍大一些,使烟火扑锅后再从两侧的顺烟沟进入炕内。

第三节 火炕常见故障与排除方法

一、火炕凉得快排除方法

产生原因:炕梢出烟过大,烟囱又无插板;炕梢部位深,有贮存冷空气的地方;多炉灶炕不烧火时,冷空气在炕内形成对流。

排除方法:①炕梢出烟口应根据炕的长短和所用燃料产生烟气的多少,是否使用鼓风机及炉灶的多少,留适当的尺寸。烟囱要增设插板,控制不用火时的热量流失。②炕梢部位过深的要垫些干土或干炉渣,使炕内垫土层与炕面砖上下间距为 8～10 厘米。③多炉灶的炕暂不使用的喉眼要堵严,以减少炕内的热对流和热损失。

二、新炕开始点火时冒烟闷炭排除方法

新搭的炕初点火时应该好烧,但有时相反,炉灶出现燎烟、闷炭、无抽力的现象,尤以无风天为甚。这是炕内温度低和潮气大造成的。初点火之前,用引火物在烟囱底部烧5～10分钟,排除烟囱内的冷潮气体,使烟囱内温升高,烟气流速增快。

三、火炕出现偏热现象排除方法

炕出现偏热现象的主要原因是炕内分烟砖没放好。如果炕的炉眼是上下2个喉眼烟道进烟,并使用"人"字形喉眼,应改成外面是2个喉眼、炕内是1个喉眼的进烟口,使炕内上下每个烟洞中烟量相等。2个炉灶以上的炕,应把暂不使用的炉灶喉眼堵严或用插板插严,以免进风而出现偏热现象。

四、烧了很多燃料而炕仍不热排除方法

产生原因:炕洞过深,炕内四面墙与炕面不严密;炕内分烟砖没摆好,烟跑单洞;炕梢出烟口过大,烟囱无插板。

排除方法:用干土或干炉渣把炕洞垫高,使炕头高度达到18～24厘米,炕梢为8～10厘米,使炕内垫土表层形成一个坡度。炕内四面墙要抹严;炕内冷墙部分(与室外接触的前、后山墙)要增砌保温层;炕面最好用草泥、沙泥抹2遍,然后压光、压实。根据炉灶、喉眼与烟囱的位置,合理布置炕内分烟砖。炕梢出烟口留得要适当。烟囱设插板,炉灶熄火后,将烟囱插板插严。

五、架空火炕凉得快排除方法

架空火炕能双层散热,但凉得快,不保温。为使吊炕保温,首先应在炉灶喉眼上设灶眼插板,烟囱上设烟囱插板,熄火前把两个插板插严,中断炕内的热对流,以达到保温的目的。

六、变动炕内分烟砖方法

炕内分烟砖对火炕是否好烧和温度是否均匀有密切关系。无论何种分烟法,分烟砖摆法都应以缩小分烟阻力,达到分烟均匀为目的。分烟砖各孔大小,两边斜度各多大,应根据具体情况确定。

炕内分烟砖应根据烟囱和炉灶喉眼位置的变动而变动。船头形分烟法:当炉灶喉眼不变,而烟囱靠近后墙的一面时,分烟砖的炕上一边斜度大,炕下一边斜度小,灶喉眼在分烟砖角的向炕上边错一位;如果烟囱位置靠炕檐一面时,分烟砖与灶眼摆法同上相反;如果烟囱在炕梢中间,则分烟砖的两边斜度相等,灶眼中心正对分烟砖的夹角。

当炕梢烟囱位置不变,灶喉眼在炕下边时,则分烟砖的炕上一边斜度大,灶眼在分烟砖角的炕上边错一位;如果灶喉眼在炕上边时,分烟砖的斜度与喉眼的摆法同上相反。如果灶喉眼在炕中间时,则分烟砖的两边斜度视烟囱的位置(炕下、炕上或炕中)而定。如在炕梢的炕上或炕下,分烟砖炕上或炕的反方向斜度就应大些;如果烟囱在炕梢中间,则分烟砖两边斜度相等(船头形分烟法的分烟砖角度为150°,不管分烟砖两边斜度怎样变动,这150°角始终不变)。

七、炕面改成大块砖的优点

炕爱堵和不好烧与炕洞小而多有直接关系。至今有些火炕受红砖长度限制,炕面砖与烟气接触面宽度为 12～18 厘米,一铺炕得搭 7 个既窄又深的炕洞。为了增大炕面的受热面和延长炕维修时间,炕面改用大块砖(50 厘米×60 厘米×6 厘米)混凝土板、红砖水泥块或 45 厘米×45 厘米×7 厘米加筋(木棍、竹、铁筋)大坯、大块石板等搭成 4 洞或 3 洞炕,增大炕面砖与烟气接触面积,把过去的窄深炕洞变为宽扁炕洞。

第四节　烟囱常见故障与排除方法

一、烟囱冒黑烟排除方法

烟囱冒黑烟是燃料不能完全燃烧的表现。

产生原因:①炕体不保温、不严密,灶膛温度低。②通风不合理,供氧不足。

排除方法:①灶体处抹严,灶内抹严。②改变原来的通风条件,增设炉箅,适当缩小灶膛容积,提高灶膛温度。

二、烟囱冒黄烟排除方法

产生原因:①炕内潮湿。②炕和烟囱墙体温度高。③空气和燃料有湿度。冒黄烟主要是湿度大造成的。

排除方法:①炕内垫干土,在垫土中放一层旧塑料薄膜或油纸,作为防潮层。②把间墙和炕墙抹严,在炕内里墙与外界接触的冷墙部分砌筑保温墙。③烟囱砌成双层式,密闭间隙宽 3～4 厘米,放进干炉渣、珍珠岩等保温材料。④烟囱和灶喉眼都设插板,停火插严,减少外界潮湿空气影响。

三、烟囱尿墙排除方法

烟囱外皮出现一层发黑带白边的湿圈,农村通常叫做烟囱尿墙。每到冬季尿墙现象尤为严重。

产生原因:①烟囱内不光滑、不严密、弯曲,局部狭小或有堵塞现象。②燃料湿度大,经常烧湿煤并用湿煤封炉。

排除方法:①用陶瓷管做烟囱内衬,每节插严,用水泥灰浆抹严。②选优质砖砌筑烟囱。③用水泥砂浆将砖灌满。陶瓷管与墙体空隙用水泥灰浆添满捣实。

四、新砌的烟囱开始烧火时抽力小排除方法

新砌的烟囱内湿度大有潮气,烟气湿度增大,使烟气在烟囱内上升的流速缓慢。点火之前,先在烟囱底部用引火物烧10~30分钟,使烟囱内部干燥,这种现象即可消失。

第四章 白城节能地炕搭建技术

第一节 设计原理及结构特点

白城节能地炕是根据木材干馏阴燃燃烧的原理设计而成的。在结构上,将炕由地上式改为地下式,扩大了房间的使用面积。在选材上,根据建筑材料的热传导性能,采取75号红砖和200号钢筋混凝土。在燃料的选择上,本着填入后燃料间隙密度小,火床面积大,分层燃烧的原则,选用锯末、苇花、稻壳、碎柴草、树叶、麦壳等。在投料方式上,采用一次投料,长时间燃烧,每次装料要尽量装满装实,以减少炕体中空气含量,减缓燃料的燃烧速度,延长使用时间。一冬只需填2~3次料,一次点燃可烧2个月左右。整个燃烧过程为阴燃燃烧。靠燃料的燃烧产生高温烟气加热炕面,提高室内温度,达到取暖的目的。

该炕结构,分为炕面、炕墙、进(出)料口、烟道及通风口等,炕面与地面在同一水平面上,完全靠炕墙支撑,不设炕洞(图4-1)。

这种炕因没有炕洞阻碍,所以整个炕面相对受热均匀。这种炕搭一次可长期使用,每年夏季从炕内除1次灰即可。因此,方便、省工、省料、卫生。

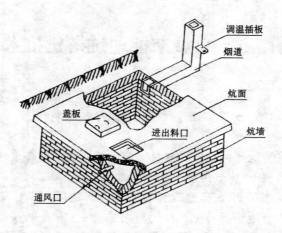

图 4-1　白城节能地炕结构图

第二节　施工要点

一、规格及材料要求

(一)地炕面积的选择

地炕面积的大小,是能否达到理想取暖效果的决定因素。选择合理的地炕面积,是降低造价、节约燃料的主要措施。地炕面积的大小,取决于房间需热面积的大小。根据多年来的试验表明,选择地炕面积应本着经济合理的原则。一般情况下,建筑面积与地炕面积的比例以 6∶1 为宜,即建筑面积为 60 平方米,地炕面积为 10 平方米。在房间耗热体多(房间结构复杂,门窗多保温性能差)等特殊情况下,可适当降低建筑面积与地炕面积的比例。

(二)地炕位置的确定

地炕取暖主要靠炕面加热空气,使热空气对流来达到取暖的目的。因此,地炕的位置应选建在面积大的房间内,便于热空气对流畅通,能顺利散热到其他房间,达到冬季取暖所需的温度。同时注意,为保持房屋外墙的稳固性,炕外墙应距房墙 600 毫米。

(三)备　料

1. 备足建筑材料　主要是红砖、水泥、中砂、钢筋、铁管、陶瓷管等。

2. 备足燃料　地炕所适用的燃料是锯末、碎柴草、麦壳、树叶、稻壳等。

3. 建地炕用混凝土的材料要求　水泥要用矿渣硅酸盐水泥,不得选用火山灰质硅酸盐水泥或结块的水泥。所用砂子要采用中砂,砂中要求无杂质。石子要采用 5~20 毫米碎石或卵石,压碎指标要小于 $10\% \sim 20\%$。

二、技术路线及要点

砌筑白城节能地炕,应从选择炕位开始,一般经过放线挖炕、砌炕墙、浇筑或搭炕面、砌烟道、修通风口、修进料口(出灰口)、安装烟插板和严格密封等 9 道工序。

(一)确定炕位,放线挖坑

要根据建筑面积和室内空间确定地炕面积尺寸以及炕的形状。一般炕都应是长方形的,也可是方形的。如有条件,也可修成椭圆形。

(二)对挖坑的要求

坑向下深挖 130 厘米,坑壁要挖得直、平,便于砌炕墙。坑底要用素土夯实。有条件的地方可用三合土或砖铺地,以便于清灰。

(三)砌炕墙

坑挖好处理后砌炕墙,炕墙厚度为240毫米。用25号红砖,25号水泥砂浆砌筑。

(四)搭炕面或浇筑炕面板

1. 铺炕面 炕墙砌好后,如果有80毫米厚钢筋混凝土实心板,可直接铺上。

2. 浇筑炕面 也可以采用混凝土现浇炕面。炕面混凝土实心板厚度为80毫米。用5毫米粗的罗纹钢或10毫米粗铁筋以地面做模板,易于捣实,可满足强度要求。钢筋网适当宽一些,能满足与炕墙搭接用即可。养生28天,从地面往下挖土,挖土深度为120厘米。

(五)砌烟道

因地炕位置的特殊性(地下,并在房屋中间),为保证燃料缓慢充分燃烧,要在接近地面处砌一条烟道,把炕与烟囱连接起来。为使燃料燃烧相对均匀,保证烟气流畅,烟道口与进料口呈对角线分布。烟道内径为200毫米×120毫米。

(六)修通风口

为方便地炕点燃时助燃,在靠近进料口的炕墙内设1根50~75毫米粗的钢管(也可用陶瓷管或塑料管)通过房墙使室内和室外联通。通风管的长度视炕墙与室外的距离而定。在地炕开始点火时,用通风孔的风力为炕内引火燃料助燃,待烟囱正常出烟后,即地炕受热面积达50%时,封闭通风孔。

(七)修进料口

在烟道的对角处,即地炕的另一头修一个进料口,作为投料和出灰用。每年的10月底将燃料从进料口投入,投满后点燃封闭,翌年5~6月份出灰。

(八)安装烟插板

过去一般火炕烟气出口处没有插板,使烟气流速无法控制。为控制出烟量,调节风速,在室内的烟囱底部向上300毫米,设置1个140毫米×270毫米的烟插板,根据风速来控制出烟量的大小。用烟插板来控制燃烧速度,调节室内温度。

(九)严格密封

炕面搭完以后,要对炕面的灰缝以及烟道等部位进行严格密封,严防透风冒烟。同时,要注意烟插板的间隙,防止冒烟。

第三节 使用技术及注意事项

节能地炕建好后,能否严格按要求进行使用,直接关系到节能地炕的应用效果及效益的发挥。

一、燃料处理

白城节能地炕的燃料为城乡常见的废弃物。如锯末、苇花、稻壳、格挠、树叶、麦芋子等。也可以用多种原料混合使用。

在投料前,应对燃料进行处理。尤其是长秆状的燃料,一定要粉碎。否则,不利于密实,投的燃料必然少,也将影响燃烧速度,降低使用时间。其次是各种燃料在投料前要进行湿度处理。因为有的燃料,如树叶、稻壳比较干燥,因此要浇水堆沤,但不能发酵,堆1天则可,使燃料达到一定湿度。根据多年实践,燃料的湿度控制在50%左右为宜。经过上述处理投入的燃料会取得良好的燃料效果,并能延长燃烧时间,一冬投两次料即可满足一冬的取暖所用燃料。

燃料要做到现投现拌,投料后立即点火。燃料掺水搅拌后不可长期堆沤,如长期堆沤,易造成腐料发酵。发酵后一方面热值下降,另一方面点燃后,不易着火,即使点着火,也燃烧不充分。因此,要做到现拌现投,最好是头 1 天拌料,第二天投。燃料投入后,一定要做到立即点火。

二、使用技术

(一)投 料

打开入料口,把燃料装入炕内,要尽量装满装实,以减少炕内空气含量,增加燃料投入量。

(二)点 火

将燃料添满后,在入料口下面装入 20 千克干茅草,然后将通风口和烟插板全部打开,点燃茅草,封严进料盖板。等炕热至 50%左右时,封闭通风口。

(三)勤调整烟插板

燃料投入以后,要注意根据风力大小和室内温度调节烟插板。烟插板的顶端与烟囱内部之间的距离不能小于 5 厘米,否则易造成熄火或倒烟,影响地炕的使用。点火 3～4 小时后,室温可保持在 15℃～18℃,达到理想的取暖效果和较长的使用时间。风小或室内温度低要将插板拉出;当风大室内温度过高时,要关小烟插板。如果不能勤调节烟插板,多数会出现室内温度过高的现象,将缩短燃料燃烧时间。

三、安全检查

地炕点燃以后,在使用过程中,要注意经常检查炕的四周和烟道、烟囱有无冒烟现象。由于地炕使用一段时间以后,有的地方可能抹的泥因密度不好或因烧干后收缩而出现裂缝,也有个别的因老鼠盗洞而出现漏洞冒烟现象。以上出现的裂缝和鼠洞如不及时堵漏,必然造成冒烟,甚至一氧化碳进入室内,引起中毒。为此,在使用过程中必须经常检查有无漏烟现象。

第二编　生物能沼气开发利用技术

第五章　沼气发酵原理及发酵工艺

第一节　沼气的基本知识

一、沼气的主要性质

沼气是由各种有机物在厌氧环境中,经多种微生物分解,产生的一种能燃烧的,以甲烷为主要成分的混合气体。

人工制取沼气的成分,甲烷占 60%～70%,二氧化碳占25%～35%,其余为含量较少的氧、氮、氨、氢、一氧化碳和硫化氢等。甲烷、氢、一氧化碳和硫化氢都是可燃烧的气体。

甲烷无色、无味、无毒,比空气轻 1/2,是一种优质燃料,完全燃烧时,呈蓝色火焰,1 立方米可放出 9 460 焦耳的热量,燃烧最高温度可达 1 400℃,能使 75 千克 20℃的水温度上升到 100℃,可够 5 口之家 1 天做 3 顿饭,可使 1 盏沼气灯照明6～7 小时。

二、开发新能源

大约 1 吨沤肥能释放 35 万焦耳热量。这些热量差不多够 5 口之家做 2 个月饭。但在通常情况下,这样的热量都白白散失了。秸秆直接燃烧,一般仅能利用秸秆贮存能量的

10％,其余90％都散逸到空气中了。

如果办沼气,可以充分利用贮存在秸秆和粪便中的能量,开发生物能。试验表明,有机物通过沼气发酵,能量转化率可达94％,沼气燃烧释放的热能,利用率可达60％左右。所以说,秸秆等有机物转化成沼气后再燃烧,利用率可达50％以上。

三、多积优质肥

有机物通过沼气发酵除产生供燃烧的沼气外,还制造了大量优质的渣肥和水肥。如前所述,燃烧的沼气主要是以甲烷为主体的碳氢化合物,大量的氮、磷、钾等植物营养物质和有机质保存在沼渣和沼水里。

试验表明:①沼气发酵后,因发酵技术不同,有机质损失10％～50％。而高温堆肥有机质损失42％左右,沼肥有机质损失50％～60％,做燃料全部损失。②氨损失极少,为2％～10％,而高温堆肥损失20％～40％,燃烧时全部损失。③沼气发酵速效氮含量高,包括固体蛋白质,约占全氮的50％。而堆肥只占5％～10％。④磷及钾、钙、镁等矿物质一点不损失;燃烧时除剩下灰分外,只残存少量磷。⑤保肥效果好。据测定,贮存30天后,沼气池内粪水比敞口池粪水含氮高14％,铵态氮高19.4％。

田间试验和生产实践也表明沼肥是有机肥中最好的肥料。据试验,施沼肥比施优质羊圈粪的增产4.3％。施沼渣肥的玉米苗齐、秆壮、色深、长得高,收获时双棒多、穗粒数多、青穗少,比施优质猪圈粪的增产18％。用沼水追小麦比没追的增产30％;防治大豆蚜虫,效果达98％。

今后搞农业生产,不能只追求当年的直接收益,还必须讲究物质循环利用,要把农业增产与经济效益、生态效益紧密结合起来,要不断扩大物质循环圈。人们越来越认识到,把秸秆一次性烧掉,是一个极大的浪费。有人提出用秸秆培养蘑菇,剩余物(培养物)制成菌糠饲料发展畜牧业,畜禽粪便搞沼气补充能源不足,再用沼肥肥田促进农业增产。这样,秸秆的利用价值可以提高几十倍甚至上百倍。除此之外,办沼气还可以改善卫生环境,除害灭病。

第二节 发酵原理

一、沼气发酵的概念

微生物分解有机物产生沼气的过程,叫做沼气发酵。这要具备 3 个条件。一是相应的微生物,二是可供利用有机物,三是适宜的环境。

沼气发酵微生物可分为两大类:不产甲烷微生物和产甲烷微生物。已发现的不产甲烷微生物包括细菌(18 个属 51 种)、真菌(3 个纲 36 个属)和一些原生动物(18 种),共计百余种,以细菌为最多。最近又有人将不产甲烷微生物分为发酵微生物和产氢产酸微生物两种;产甲烷的微生物——产甲烷细菌,为古生菌的原核微生物,发现有 7 个属 15 种。这些微生物在自然界大量存在,目前人工培养的极少。一切动植物及其残体都是有机物。目前,一般认为除木质素和矿物油外,几乎所有的有机物质都可以经过厌氧发酵,最后产生甲烷。

沼气发酵的环境条件,主要有严格的厌氧环境,适宜的温度、酸碱度,以及原料的适宜浓度和碳氮比。

二、沼气发酵过程

有机物在一定的环境中，经过多种微生物不断分解，最后产生以甲烷为主体的沼气，这是个受微生物学、化学和动力学制约的连续变化过程。这个过程由于条件不同有快有慢，快的3天左右，慢的1～2个月以上。但不管时间长短，大体都可分为3个阶段，由3个主要代谢菌群共同作用的结果。

第一阶段，水解和发酵阶段（液化阶段）。主要起作用的是发酵性细菌，发酵性细菌是一个十分复杂的混合体，大部分为专性厌氧菌，也有兼性厌氧菌和好氧细菌。一般前者比后两者数量多100～200倍。氨是发酵性细菌的主要氮源（有少数能利用氨基酸、肽）。此外，还需要少量硫化物、血红素、B族维生素和饱和脂肪酸等营养物质。有机体在微生物胞外酶（如纤维分解酶、纤维二糖酶、淀粉酶、蛋白酶、脂肪酶等）的作用下，由不溶态固体变为可溶于水的物质。如首先将多糖分解成单糖和二糖；将蛋白质分解成多肽和氨基酸；将脂肪酸分解为乙酸、各种芳香酸、醇类、氨、硫化物、二氧化碳和氢等。冯孝善等研究指出：①蛋白质氨化细菌、纤维素分解细菌、一般异养细菌以及硫酸还原细菌是发酵过程中对产甲烷细菌的活动有较大影响的不产甲烷细菌的生理群。②15℃以下低温对于不产甲烷的细菌有不利影响，主要表现为蛋白质氨化细菌增殖数量减少（仅为28℃时的1/15）和纤维素分解细菌分解速率的降低。③在低温条件下，不仅产气进程推迟，而且产气率和产气系数均显著下降。

第二阶段，为产氢、产乙酸阶段（酸化阶段）。主要起作用的是专性产氢、产乙酸细菌。这类微生物也由多种细菌组成，每种细菌都有自己的能源专一性。第一阶段已经液化的物质,随溶液进入微生物细胞内,在胞内酶的作用下,进一步分解成以乙酸为主体的(其他还有甲酸、甲醇等)小分子化合物,同时产生氢和二氧化碳。乙酸占生成物的80%左右,其中有80%以上来自丙酸的氧化作用。乙酸、甲醇、甲酸、氢和二氧化碳都是产甲烷菌生成甲烷的基质。第一阶段和第二阶段统称不产甲烷阶段,是为产甲烷菌加工原料的阶段,没有这两个阶段就不能产生沼气。

第三阶段,为产生甲烷阶段。主要起作用的是各种产甲烷细菌。这一阶段将第二个阶段的生成物,转化为甲烷和二氧化碳。甲烷是碳素最还原的形式,而二氧化碳则是碳素最氧化的形式,这是使有机物完全降解的一系列异化反应中的最后一步。在甲烷发酵中,有两种主要的产甲烷反应,一是氧化氢,还原二氧化碳形成甲烷,二是裂解乙酸,形成甲烷和二氧化碳。70%左右的甲烷是由乙酸的甲基形成的,后一个反应是主要的。

第三节　发酵的基本条件

一、对温度的要求

温度是决定我国北方沼气池产气多少的主要矛盾。它直接影响到原料的消化速度和产气率。沼气发酵的温度范围较广,甲烷菌可以活动的温度范围是4℃～72℃。在4℃～60℃范围内,温度越高,发酵原料的发酵速度越快,产气率越高。根据发酵的目的和条件不同,将沼气发酵分为高温、中温、常温3种类型。

（一）高温发酵

45℃～60℃,产气率 2～2.5 立方米/日·立方米池容,处理有机物的效率高。由于加热发酵原料和维持池内发酵温度,要消耗许多热量,从能源回收的角度看是不经济的。但一些工业排出的有机废水、废物温度很高,如酒厂、制革厂、食品厂、发电厂、屠宰场等,有的排放温度达 70℃ 以上,不需要外部补充热量,可以考虑采用高温发酵的办法。另外,为了杀灭城镇粪便中的寄生虫虫卵、病原菌,防止污染,亦应采取高温发酵的办法。

（二）中温发酵

30℃～45℃,产气率 1～1.5 立方米/日·立方米池容。一般处理城市污泥、工业有机废水、大中型农牧场牲畜粪便,适宜采用中温发酵技术。从处理有机物的速率,产生沼气的纯回收量等综合效益评价,中温发酵是较为合理的。目前许多地方正在努力发展中温发酵技术。

以上两种类型,一般都需要装置热量供应和交换系统、搅拌设备等,整个发酵装置造价较高。

（三）常温发酵（自然发酵）

15℃～35℃,发酵温度随季节和天气温度变化而变化。我国农村家用沼气池基本全是这个类型。目前推广的发酵技术,主要是常温发酵技术。夏季沼气池发酵温度一般为22℃～28℃,产气率可达 0.2～0.3 立方米/日·立方米池容。冬季,池温如果能保证 15℃～17℃,产气率可达 0.1～0.15立方米/日·立方米池容。常温发酵的优点是技术较为简单,成本低;有机质和养分损失少,沼肥质量高,适于农村发酵原料的性质(不需高温即可消化),并可满足目前的需要(只做饭、点灯,对消化速度要求并不严格)。

在自然温度发酵条件下,沼气池的增温、保温技术,是提高产气率和延长沼气使用时间的重要手段。据报道,猪粪在27.6℃下发酵比在16.9℃发酵总产气量提高67%。达到增温保温的主要途径有:①积极利用太阳能。②地下池切断地温影响。③覆盖。④改进发酵工艺。⑤因地制宜,采取综合措施,争取实现中温发酵。

二、对其他环境条件的要求

(一)严格的厌氧环境

无氧呼吸是产甲烷菌的生理特性,严格的厌氧环境,是沼气发酵的先决条件。要求沼气池必须密封性能好,耐腐蚀,做到不渗水、不漏气。

(二)酸碱度适宜

pH 值 5~10 均可发酵,最适宜为 pH 值 7~8。关键是起始 pH 值的调节,以 pH 值 7.5~7.8 为最好,6 天以后基本稳定,保持 pH 值 7.5 左右。实践表明,在原料基本相同的条件下,稍偏碱的沼气池(pH 值 7.2~7.8)甲烷含量高。产气好的沼气池挥发酸量为 929~2 332 毫克/千克,其中乙酸含量为 230~1 637 毫克/千克,一般要求乙酸含量不得超过 2 000 毫克/千克。

(三)压强不可过大

据钱深澍等研究,5 立方米沼气自然温度发酵 1 年,10 厘米水柱压强组比 70 厘水柱压强组多产气 14.5%,产气时间也长。沼气池内压强超过 60 厘米水柱,或者发酵液注入过多,都会对产气带来不利影响。

(四)发酵料液面不可结壳

结壳影响产气,甚至不产气。减轻或清除结壳的办法很多,常用的办法是搅拌,可比不搅拌提高产气率15%～30%。

三、对发酵原料的要求

(一)当地资源丰富,产气率高

发酵原料是产生沼气的物质基础。作物秸秆、人畜禽粪、青杂草、落叶、各种水生植物以及酒糟、有机垃圾、生活污水,都是产生沼气的原料。从能量转移和物质循环观点来看,应该优先用粪便,其次用秸秆,两者要合理搭配(表 5-1,表 5-2)。

表 5-1　不同原料沼气池发酵的产气率(定温条件)

原料名称	产气率(升/千克)			甲烷含量(%)	发酵温度(℃)	研究者
	湿料	干料	挥发性固体			
猪粪(2%)		426.3～648.9			35	姚爱莉
猪粪(6%)		405.1～541.3			35	姚爱莉
猪　粪	125	510	960	70～71	35	姜锋等
猪　粪	116.7	426	556.57	65	30	彭武厚等
麦秆(2%)		518.58			35	姚爱莉
麦秆(6%)		435.24			35	姚爱莉
麦　秆		487.29	910.12	62～71	35	周孟津
麦　秆	460	495	780	60～67	35	姜锋等
玉米秆		632.5	985.83	62～71	35	周孟津
玉米秆	500	555	845	60～68	35	姜锋等
人　粪		470	962		35	熊承永
人　粪	115	430	710	69～74	35	姜锋等
牛　粪	23	120	260	67～76	35	姜锋等

原料名称	产气率(升/千克)			甲烷含量(%)	发酵温度(℃)	研究者
	湿料	干料	挥发性固体			
牛 粪	58.86	294.3	382.76	66	30	彭武厚等
马 粪	74.6	345.3	425.7	74.7	35	郭梦云等
污 泥	37.9	75.8	543.8	76.3	35	郭梦云等
酒糟蒸馏废液		385			35	张树政
鸡 粪	213.8	310.3	277.5	60～65	30	彭武厚等
青 草	63.28	398	489.42	64	30	彭武厚等

表 5-2　不同原料沼气发酵的产气率(自然温度条件下)

原料名称	产气率(干料,升/千克)	发酵温度(℃)	研究者
牛 粪	230～290	23～31	李理
牛 粪	85.2	27～30	江苏六合沼试站
牛粪加猪粪	110～126		
猪 粪	127.6	27～30	钱深澍等
人 粪	322	27～30	江苏六合沼试站
麦 秆	183	27～30	江苏六合沼试站
稻 秆	140	27～30	江苏六合沼试站

(二)碳氮比要适当

沼气细菌要从原料中吸取碳素、氮素和矿物质营养。碳提供微生物活动的能量,在秸秆中含量较多;氮则用于构成微生物的细胞,在人畜粪便,尤其是人粪中较多。沼气发酵过程中碳和氮的消耗是有一定比例的,从经验来看,碳氮比例介于15~30∶1之间都能正常发酵,有的人认为16~60∶1都可以(表5-3)。

表 5-3　常用沼气发酵原料碳氮比

原料名称	碳素占原料重量(%)	氮素占原料重量(%)	C∶N
干麦草	46	0.53	87∶1
干稻草	42	0.63	67∶1
玉米秸	40	0.75	53∶1
树　叶	41	1	41∶1
野　草	14	0.54	27∶1
鲜人粪	2.5	0.85	2.9∶1
鲜人尿	0.4	0.93	0.43∶1
鲜牛粪	7.3	0.29	25∶1
鲜马粪	10	0.42	24∶1
鲜猪粪	7.8	0.65	13∶1
鲜羊粪	16	0.55	29∶1
鸡　粪	35.7	3.7	9.65∶1

为农村应用方便,沼气发酵配料可以简化为粪、草比(即人畜禽粪便与秸秆重量比)。新池投料或旧池大换料粪草比以3∶1为宜,当粪草比小于2∶1时,应适当补充氮素营养。

(三)发酵料浓度要适宜

沼气发酵干物质的适宜浓度目前有不同看法。韩天喜以猪粪加稻草为原料,浓度从5%~25%,在27℃~30℃条件下试验,结果5%~15%范围随浓度进一步增大,从15%~25%

总产气量增加不显著,甚至减少。付尚志试验,13.5%浓度在32℃～50℃条件下产气量比7.4%的高1倍,但在17℃条件下前者反而比后者低。这是由于高浓度在较低温度条件下容易引起有机酸的积累,所以他认为高浓度发酵不适于池温较低的沼气池。张树政的试验认为,发酵浓度10%比5%、15%都好。结合各地经验来看,根据温度变化,发酵液浓度控制在6%～12%还是比较合适的。

四、对接种物的要求

农村沼气池发酵产气量高低和甲烷含量多少,与沼气微生物的种源和数量关系十分密切。一般新鲜发酵原料本身带有的菌种很少,不富集菌种迟迟不产气或产气很少,所以投料时要添加充足的接种物。一般在含有机质较多的坑塘污泥、粪坑底子、堆沤腐熟的动植物残体,正常发酵池沉渣,城市下水道污泥、屠宰场、酒厂、食品厂、味精厂、糖厂、豆腐坊污水,以及新鲜的牛粪、猪粪中都含有较多的产甲烷细菌。另外,也要加入足够数量的含不产甲烷细菌较多的马粪、人粪等。

五、水压式沼气池发酵工艺

(一)工艺流程

农村水压式沼气池发酵工艺流程,必须兼顾用气、用肥、卫生的需要。较为合理的半连续发酵工艺流程图见5-1。

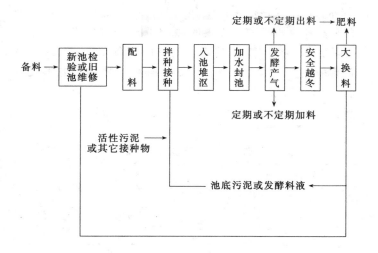

图 5-1 半连续发酵工艺流程图

(二)操作技术规程

1. 备料　备料是沼气发酵工艺流程的首要步骤。新建池和旧池大换料前,必须准备好充足的发酵原料。旧池换料一般是在春季进行。要在入池前 20～30 天将原料准备好。1个 6 立方米的沼气池,每年至少要安排 400～500 千克作物秸秆,并积攒好人和畜禽粪尿,全部入池。粪肥入池,沼肥下地,这在农业生产物质循环图上又增加了一个重要环节,这需要改变传统用肥的习惯,是积肥和施肥制度上的一项重要改革。

入池前作物秸秆要铡成 2～3 厘米长的短节,最好粉碎,以扩大接菌面,有利于产气。牛马粪必须加水捣碎,以减轻漂料。

2. 新池检验和旧池维修　新建沼气池,必须按要求严格检查建池质量,经检验证明质量合格后,方能投料使用。使用1 年以上的旧池,不论原来是不是病池,在大换料后,都必须对池体进行一次认真检查,发现有漏损的地方,要及时修复。

可用水泥砂浆、水玻璃浆或其他密封材料进行粉刷。特别是气管部分,原来没用密封涂料的,漏不漏气都要涂刷1～2次。

3. 配料 投的料要保证有足够的产气量,合理的碳氮比,适宜的浓度。当粪草比低于2：1时,可按每立方米发酵液加入1千克尿素或3千克碳酸氢铵进行调整,使碳氮比大体保持在20～30：1之间。发酵液浓度要达到10%左右(表5-4)。

表5-4 每立方米10%浓度料液参考配料比 (单位:千克)

配料组合	重量比	加料重量	加水量
鲜猪粪		555	445
鲜马粪		575	425
鲜牛粪		588.2	411.8
鲜猪粪：麦秆	4.54：1	543.6：119.6	1336.8
鲜猪粪：稻草	364：1	482：132.4	1385.6
鲜猪粪：玉米秸	2.95：1	442：150.2	1407.8
鲜猪粪：人粪：麦秆	1：1：1	164：164：164	150.8
	2：0.75：1	296：111：148	144.5
鲜猪粪：人粪：稻草	1：1：1	165：165：165	1505
	2.5：0.5：1	360：72：114	1424
鲜猪粪：人粪：玉米秸	1：0.75：1	179.4：134.6：1794	1506.6
	2：0.2：1	334：33.4：167	1465.5
鲜猪粪：牛粪：麦秆	3：1：0.5	528：176：88	1208
	5：1：1	520：104：104	1272
鲜猪粪：牛粪：稻草	3.5：1：1	424：121：121	1334
鲜猪粪：牛粪：玉米秸	2.2：2：1	286：260：130	1324
鲜猪粪：人粪：牛粪	1：0.5：3.2	250：126：800	824

4. 拌料接种　先将铡碎或粉碎作物秸秆铺在沼气池旁边的空地上(约 30 厘米厚),再盖上一层拌均匀的粪料和接菌物。泼上适量的水(用水量以淋湿不流为宜)。要求边泼边拌匀,操作要迅速,以免造成粪液和水分流失。没条件拌料入池的,可一层秸秆、一层粪料和接菌物,薄铺多层,层层踏实。

5. 入池堆沤　将拌匀的发酵料及时投入池内堆沤,要边进料边踏实。这样做不仅可压缩秸秆容积,更重要的是有利于秸秆充分吸收水分,减轻发酵过程中上浮结壳程度。堆沤时间,早春 3～5 天,夏季 1～2 天。堆沤时不能盖上活动盖。如遇雨天或气温太低时,可盖上活动盖口。但天晴或气温回升后,必须及时打开,以利于好氧性微生物发酵。

6. 加水封池　当池内料温升至 40℃～60℃时,应及时从进出料口加水,加水量要扣除拌料时加入的水量。加完水后可用 pH 值广泛试纸检查发酵料液的酸碱度。一般在 pH 值 6 以上时即可盖上活动盖封池。如果 pH 值低于 6,可加适量的石灰、氨水或澄清石灰水,调整到 pH 值 7 左右再封池。封池后应及时将输气导管、开关和灯、炉具安装好,并关闭输气管上的开关。

7. 放气试火　按上述工艺流程操作,一般封池后 2～3 天产生的沼气即可供使用。使用前先在炉具上点火试验(切忌在池旁直接点火),如能点燃,说明沼气发酵已经开始正常运行,次日即可使用。如果点不着火,要把池内气体放掉,再及时闭上开关,次日再点火试验。

8. 日常管理

(1)及时添加新料　一般投料后 30 天左右产气量显著下降,应及时添加新料,以后 5～7 天加 1 次,每次加料量占总发酵液量的 4%～5%。要先出料后进料,出多少进多少。三结合的沼气池,除人畜粪便自动流入池内外,应根据产气情况适当添加一些粉碎的作物秸秆。在添加液中,不能随意加大用水量。

(2)适当添加氮素 农村发酵原料多以秸秆为主,在正常发酵1~2个月后,应适当添加氮素,以免碳氮比例失调,影响产气效果。方法是将尿素装入塑料袋内扎紧袋口,用针在底部刺10~20个小孔,置入并固定在投料管口下部位,使其缓慢溶解。用量是1立方米发酵液加尿素0.3千克。

(3)搅拌 可用长木杆或竹竿,从进、出料口伸入池内,来回搅动,每天1次,每次搅动几十下。如果浮渣结壳严重,应及时打开活动盖破坏结壳层,插小秫秸把6~9把(直径越小越好),高出液面,上端连成三角形架,固定在池中。插秫秸把也可以在装料时进行,更有利于发酵,提高产气率。

(4)注意调整发酵料液的酸碱度 经常用pH值广泛试纸检查,如显示黄色、橙色,说明发酵液呈酸性,应加入适量的石灰或石灰水调节;若显示红色,说明发酵液呈强酸性,应将大部分或全部发酵料液清除,重新接种、投料。

(5)提高料液温度 在早春、晚秋应适当添加铡碎并经堆沤的秸秆,骡马粪、羊粪或酒糟等酿热性材料,以提高发酵温度。

此外,要经常检查输气和用气装置和沼气池是否漏气。

9. 安全发酵 ①严禁向沼气池内投农药和其他各种杀虫剂、杀菌剂。如发生这种情况,应将池内发酵料液全部清除,并冲洗干净,再重新投料。篦麻籽油渣饼、骨粉易产生有毒气体磷化三氢,不宜入池。也禁止电石和洗衣粉入池。②调整发酵液酸碱度和碳氮比用石灰水、氨水、尿素、碳酸氢铵,不可超量使用,必须控制在适宜浓度范围内。

10. 池体安全越冬 ①将池内水抽出,将干料存于池内。②切断地温,加保温层。③垛柴草。④水压箱小水圈内不准有积水。⑤修保温棚,盖保温被,搞综合利用。

11. 大换料 北方地区,应该安排在春季用肥前 20～30 天大出料。要先备料后出料。在大出料前要备足入池的粪草原料,搞好作物秸秆预处理。大换料时要留下 10% 以上的脚底污泥或 20% 左右的发酵料液做接种物。同时要特别注意安全操作,防止发生事故。

六、几项发酵新技术

(一)分批投料

将原料由一次投料改为分批多次投料,可促进原料分解,可提高产气量 30% 以上,同时整个发酵期间产气均衡。

(二)发酵过程中出池堆沤

在沼气发酵高峰期后,将秸草等干料出池堆沤几天后再入池,借助空气接触,使好氧细菌繁殖,促进原料分解,可提高产气率近 1 倍。

(三)池内插管

河南群众将玉米秸扎成小捆,用石碾压碎,直立放入沼气池,再添加人畜粪便,可显著提高产气量。这是因为玉米秸压碎后便于沼气细菌在秆内繁殖,有利于发酵;玉米秆中间通气,便于气体释放;此外进出料也方便。

(四)池内加竹篓、铁丝筐

筐篓直径 30 厘米,高要超出料液面,编得越密越好,投料前放入池子正中,可防止浮渣结壳,有利于细菌生长繁殖,产气率高。

(五)过水泡料,池内堆沤

在沼气池旁挖1个直径1米,深30~40厘米的土坑,引进沼气池原液(新池可用大坑污水),然后将备好的各种干料混合投入水坑中,1~2分钟达最大持水量时,捞出堆在池旁1小时,控出多余水分,再投入池中,一次装满。3~4天后初经发酵的料会下降,再以同样方法加料装满池,不踩实、不封盖,敞口堆沤,堆沤程度及时间见表5-5。

表 5-5　堆沤程度及时间

原料种类	堆沤时间(天)		发酵程度	温　度 (℃)
	早春、晚秋	夏季		
以秸秆为主	17~19	13~15	黑臭烂	60~70
以杂草为主	13~15	10~12	黑臭烂	60~70
以青草、粪便为主	10~12	7~10	黑臭烂	60~70

(六)固体发酵(干发酵)

这需要密封式的沼气池。据山东省农业能源研究所邹光良等试验,干发酵必须掌握3条要领。

1. 合理的原料配比　他们认为,按总固体算,麦草和猪粪6:4,玉米秸与马粪7:3较为适宜。这一方面能保证原料碳氮比在发酵的较适合范围内,另一方面氮的含量相对较高,有利于氨化作用,使发酵系统的 pH 值增大。

2. 接种剂用量要大　一般不能低于发酵料总量的 20%(接菌剂的总固体含量为 5%),并且要求保证接菌剂的活力。以保证不产甲烷细菌作用产生的有机酸和产甲烷细菌利用这些有机酸生产甲烷的动态平衡不遭受破坏。

3. 搞好原料预处理　首先是机械破碎,将作物秸秆铡成

5～6厘米长的短节。其次是池外堆沤。堆沤时间由当时气温和原料状况确定。如25℃时堆沤4～5天,秸秆的色泽变暗,质地软化即可。这样除便于发酵启动外,还便于装料压实,有利于造成厌氧环境。

第四节　安全管理

进出料时缓进缓出,出料时停止用气。禁止在沼气池进出料口或导气管直接点火,以免引起回火造成池体爆炸事故。沼气灯、炉具不要放在柴草等易燃物品附近。

要经常检查导气系统是否破损漏气,是否畅通。点火时要注意安全,先点引火物后打开关。室内发现漏气及时打开门窗,使室内空气对流,将大量沼气排出后才能点火。导气管发生堵塞,应及时排除,避免池内因压强太大造成裂损。沼气池及沼气灯、炉具要在适当位置安装气水分离装置,适时排放冷凝水,防止导气管堵塞。

在修池和大出料时,要打开活动盖1～2天,尽量把料液清除。必要时采取鼓风办法向池内送新鲜空气,排除残存沼气。入池前先将鸡、兔等动物放入池内,无异常时操作人员方可入池。外面要有人照应。入池头发晕发闷,要立即撤出池外。严禁单人操作。入池工作只准用电灯、手电筒、水银镜反光,不准点蜡烛、油灯,不准用火柴、打火机。池内及周围不许抽烟。

第六章 "四位一体"农村能源生态模式

第一节 概 述

"四位一体"农村能源生态模式(以下简称模式),是一种高产、高效、优质农业生产模式。它是依据生态学、生物学系统工程学原理,以土地资源为基础,以太阳能为动力,以沼气为纽带,种植、养殖相结合通过生物转换技术,在农户土地上,全封闭状态下将沼气池、猪(禽)舍、厕所、日光温室连接在一起,组成模式综合利用体系。即在庭院里、温室内将种植业和养殖业有机地结合在一起。它可以解决北方地区沼气池安全越冬,使之常年产气利用,既能促进生猪的生长发育,缩短育肥时间,节省饲料,提高养猪效益,又能为温室作物提供充足的无公害肥源。生态模式提高作物的产量和品质,增加农户收入。它是在同一块土地上,实现产气、积肥同步,种植、养殖产业化并举,建立一个生物种群较多,食物链结构健全,能流、物流较快循环的能源生态系统工程。成为"两高一优"农业,促进农村经济发展,改善生态环境,提高人民生活质量的一项重要技术措施。目前看,搞"四位一体"年户均种菜、养猪收入可达1万元以上。

第二节　设计与施工

一、模式工程设计所应遵循的原则

(一)位置选择

模式工程可选择在农户的房前屋后,场地宽敞,背风向阳,没有树木和高大建筑物遮光的地方修建。温室设计应坐北朝南,东西延长。如果受限可偏西或偏东布置,但偏角不得超过 15°。如在屋后建,模式工程(即大棚)的前脚到房屋后墙的距离,要超过屋脊高度的 2.5 倍。

(二)面积、体积

温室面积可依据庭院大小而定,通常面积为 200~300 平方米。在温室的一端建 15~30 平方米猪舍和厕所,在猪舍下面建 6~10 立方米池容沼气池。有条件的户可将豆腐房或小酒厂建在棚内。

庭院东西长度较短的农户,猪舍可建在温室的北侧(即后位式)。

二、日光温室的设计与施工要点

(一)骨架、墙体

模式工程中的日光温室建筑材料采用竹木或金属做大棚骨架,土垒或砖砌夹心保温围墙,采光面采用无滴塑料棚膜,依靠太阳光热来维持室内一定温度,以满足农作物、蔬菜生长需要。

(二)荷　载

日光温室设计要求结构合理,光照充足,保温效果好,抗风雨,抗雪压。温室内骨架设计主要应考虑抗压、稳定和少遮光,应在一定荷载下不变形。设计荷载标准:固定荷载≥10千克/平方米,雪荷载≥25千克/平方米(相应雪厚 20 厘米),风荷载≥30千克/平方米(相应风速 17～22 米/秒)。

(三)跨度、角度

温室跨度为保证采光性能好,辐射面大,一般应采用 6.5～7 米。为加强保温效果,后坡高度应适当加大,后坡水平投影与总跨度之比值,一般为 0.2～0.25。为保证温室北侧弱光区有充足的光照,吉林省日光温室一般后坡仰角定为 30°～35°,不能小于 30°。

(四)高　度

温室高度的确定,根据吉林省地理纬度和目前日光温室发展状况,模式工程中的日光温室中柱高度一般应设计为 2.6～3.2 米,后墙高度一般在 1.8～2.4 米。为了便于在棚内人工操作,棚内距离南侧 0.5 米处,棚面弧线矢高不应低于 0.7 米。

(五)优 化 值

日光温室屋面角度的优化值的确定见表 6-1。

表 6-1　日光温室屋面角度优化值

φ	42°	43°	44°	45°	46°
υ	31°	32°	33°	34°	35°

(六)厚　度

日光温室的保温与采光设计具有同等地位,是日光温室成败的关键因素之一。吉林省一般采用砖墙厚 60 厘米。原则上应于该地区冬季冻土层深度呈正比。

(七)盖 被

日光温室盖层一般为塑料棚膜,它在夜间成为对外的主散热面,约占总耗热的 70% 以上。为此,应特别重视棚内夜间保温。夜间保温春秋季可采用草苫子。冬季要采用棉被。草苫子的重量每平方米不应少于 4.5 千克,棉被厚度不能低于 3 厘米。

三、沼气池的设计与施工要点

(一)主要设计参数

活荷载 200 千克/平方米,池内最大气压限值≤1 200 毫米水柱,最大投料量为池容的 90%,池内气压为 800 毫米水柱时,24 小时漏损率小于 3%,每日每立方米池容产气不低于 0.15 立方米,常使用寿命 10 年以上。

(二)设计原则

沼气池设计应按照"四位一体"或"五位一体"有机联系的原则进行设计,做到沼气池、厕所、猪舍、温室连通。

沼气池要建在温室的一端,距农户灶房距离一般不超过 25 米,要建在采光效果好的地方。

沼气池容积每天每户用气量应设计为 1～1.5 立方米。沼气池容积可选 6 立方米、8 立方米、10 立方米,一般以 8 立方米为宜。

(三)沼气池的建设施工技术

沼气池的池型、容积,建池位置确定后,第一道工序是放线挖坑,放线的尺寸一定要挖准,防止超挖欠挖。坑壁挖时要求平、直。浇筑沼气池的混凝土标号要达到 150 号以上。

1. 现场浇筑 坑挖好后,要清理夯实,然后浇筑池底,池底采用 10 厘米厚砾石混凝土。待混凝土初凝后,再立模浇筑池墙。沼气池池墙厚度为 6 厘米,池盖厚度 10 厘米。当采用平拱盖时,要加 8 毫米铁线,间距 20 厘米×20 厘米的钢筋网。浇筑混凝土的粗骨料粒径不大于 4 毫米,孔隙度不大于 45%,压碎指标小于 20%,水灰比控制在 1:0.55～0.65。人工搅拌的混凝土,每立方米水泥用量不少于 275 千克。坍落度应控制在 4～7 厘米。混凝土浇筑要连续、均匀、对称,振捣密实,不留施工缝。池盖外表采用原浆反复压实抹光并注意养护。

2. 抹灰 沼气池主体建好后,进行密封层施工。我国北方一般采用 5 层作业法。一是基层刮素灰,二是抹水泥砂灰,三是刷素灰,四是面层砂灰,五是刷水泥素灰。即刮、刷水泥 3 遍,抹水泥砂子灰 2 遍。水泥砂灰比例为 1:2.5。

3. 检验 沼气池建好后,使用前,必须经过检验才能投料使用。检验的方法:一是直观检查,表面不能有蜂窝、麻面、砂眼和孔隙,密封层不得有空腔或脱落现象。二是加水加压。加水主要检查是否漏水,就是将水注到池体内,注到拱缘以下,记下水位线,观察 12 小时后,水位没有明显变化,证明不漏水。然后将活动盖密封向池内充气,当气水柱差达到工作气压时,稳定观察 24 小时,当气压表水柱差下降 3% 以内时,可确认沼气池符合要求,可以投料使用。

四、猪舍的设计与建设技术

猪舍应建在温室内的沼气池上面,即猪活动的地方可在沼气池上面,温室的一端。重要的一条是,猪舍的棚面形状与温室相一致,要把猪吃食、排粪、活动和猪床分开。温室与猪舍之间必须用内山墙间隔。内山墙以上 70 厘米高度以下采用 24 厘米砖墙,上部可采用 12 厘米厚砖墙,墙壁上要留 2 个换气孔,孔口为 30 厘米×30 厘米。孔口设计木质活动扇,便于开闭。低孔距地面 70 厘米,高孔 150 厘米。

猪舍南墙棚脚 100 厘米处,设高墙或用护栏,猪舍北面设走廊,同时留门。猪舍做水泥地面,高出自然地面 10 厘米,猪床向沼气池进料口处抹成 3%～5% 的坡度,便于清扫粪尿(图 6-1)。

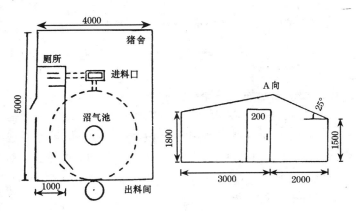

图 6-1 "四体一位"猪舍平、立面图 (单位:厘米)

五、豆腐房的建设与要求

豆腐房建在大棚内的东侧或西侧,靠着大棚的边墙建,以便于操作与取送物料。豆腐房面积 15 平方米即可。豆腐房外墙,如是土垒的墙,可紧贴土墙,用 12 厘米宽的砖、水泥砂浆砌砖墙,一直砌到大棚棚顶。但豆腐房的房盖要单独上盖,不能用塑料薄膜直接扣下来,最好用木板棚。同时要在棚上设通风口,以使做豆腐的气随时流出室内。

豆腐房建在温室内,靠近猪舍,一方面可以为饲养猪提供饲料,同时,便于豆腐渣水的就近消化。豆腐房主要是冬季可为大棚增温。即将豆腐房做豆腐所消耗能量排出的烟气,通过在棚内修的火墙排出。这样,就使做豆腐的能源得到了二次利用。

第三节 使用与管理

一、沼气池的使用与管理

要使沼气池产气多,持续均衡产气、供肥,必须抓好以下几点:

(一)准备充足的发酵原料

按目前农村的生活水平,一个四口之家,每天生活约需1.5立方米沼气。如果单纯用猪粪做原料,则需长年存栏成年猪 4～5 头。也可用牛、马、鸡、羊粪做原料,还可用玉米秸或烂草做发酵原料。

(二)控制发酵浓度

水压式沼气池内发酵原料的浓度,一般控制在 8%～15%。如按 8% 的浓度配料,在开始投料时,每立方米池容积应投入鲜粪便 450 千克左右。同时加水 550 升左右。模式工程的人畜粪便自流入池。8 立方米沼气池甲烷菌活动每天需干物质 6.4 千克,相当于 32 千克鲜猪粪(约 6 头体重 50 千克以上成年猪的排粪量)。

(三)适当进行搅拌

搅拌可防止或打破结壳,可提高产气量 10% 以上,搅拌一般隔 3～5 天进行 1 次。简便的方法是从出料口舀出一部分粪液,倒入进料口,以冲动发酵料液。

(四)适时换料

农村常用的发酵原料,被利用的有机物仅占总量的25%～35%。残留的大部分是较难利用的木质素一类的有机物,这就需要经常地补充新鲜原料和适时大换料。模式工程沼气池 1 年或 2 年,结合温室蔬菜倒茬进行一次大出料,即从池中取出总量的 2/3～3/4 的旧料,补充新料。

二、保温猪舍的管理

猪舍要经常保持温暖、干净、干燥。要及时清除猪舍内的粪便和残食剩水。养猪塑料膜要全天封闭。平均气温 5℃～15°时,中午前后要加强通风。旬平均气温达 15℃以上时,应揭摸通风。当气温回升时,要扩大揭膜面积。但扩大揭膜面积时,不可一次完全揭掉,以防止猪发生感冒。

三、日光温室的管理

内容包括:①改善土壤理化性质,以提高地温。②合理调整作物茬口,蔬菜作物品种应随市场需求而定。③同一种蔬菜在不同的生育时期对温度、湿度的要求是不同的。要根据不同有机物和沼肥不同生育时期加以控制温度和湿度。温度一般日间应控制在 12℃～30℃,夜间不得低于 5℃。相对湿度控制在 60%～70%。④沼肥、沼液是一种无毒、无害、养分全面的速效性有机肥料,含有较丰富的蛋白质,氨态氮,磷和矿物盐及一定数量的激素、维生素,并且还含有蛋氨酸和赖氨酸。所以沼肥、沼液不仅施后能促进蔬菜生产,还可用做猪饲料的添加剂。沼气在燃烧的过程中,所产生的二氧化碳,可为冬季大棚内蔬菜进行二氧化碳施肥,促进蔬菜增产。

第七章　秸秆气化技术

第一节　概　述

随着改革开放的不断深化,我国广大农村生活水平日益提高,如今农村自来水、有线电视、电话等现代化设施已走进农家,小城镇的建设步伐正在加快,逐步缩小了农村与城市的生活差距,真正拉动农村内需市场已是摆在各级政府面前的重要任务。同时,地球现有常规能源面临枯竭,加强可再生能源的系统利用也是摆在我们面前的一个重要课题。秸秆气化技术的推广和应用,正是在这种具有广泛的社会需求的前提下提出的,因此,秸秆气化技术的推广应用是有着非常广阔的前景和巨大的潜在市场。

据 1998 年的统计,中国各类农作物秸秆的年产量约为 6 亿吨,可收集利用的约为 4.8 亿吨,其中用于造肥还田和畜牧饲料的 2.5 亿吨,用于造纸等工业原料 0.5 亿吨,农民收集用于炊事、取暖等生活燃料 1.8 亿吨,每年尚有 1.2 亿吨剩余的农作物秸秆没法利用,只能在田间焚烧。在这 6 亿吨农作物秸秆中,80％是玉米、小麦和水稻的秸秆,分别占全部农作物秸秆产量的 37％,23％和 19％,绝对量分别为 2.24 亿吨、1.4 亿吨、1.15 亿吨。

目前全国已有 200 余家秸秆气化集中供气设备在运行中,并且正以每年近 50～100 家的速度增长。中国约有 75 万个自然村,1％就 7 500 个,按每个自然村建设 1 个 200 户的气化站每年仅仅消耗 150 万吨剩余秸秆,只占中国剩余秸秆总量的 1%。

吉林省是农业大省,耕地面积约为 578 万公顷,年产秸秆总量约 600 万吨,实际利用率不足 40%,其余全部焚烧或自然腐烂。采用秸秆气化集中供气工艺要比传统的柴灶燃烧率提高 1 倍,所以大约用 20% 的农作物秸秆,就可以满足全村人全年的炊事用气。由此看来,在全省范围内推广应用秸秆气化技术是有着巨大的资源保证的。

在 1 个县建 20～30 个秸秆气化站,可解决近 4 000 户乡镇住户的生活用能源,按现行每户年耗用生活煤 5 吨,折标准煤 2 吨计算,年可节约标准煤 8 000 吨,可增加农民收入 16 万多元,同时可带动地方相关行业发展,可增加产值近 500 万元。

第二节 气化原理与供气系统

一、气化原理

秸秆气化技术,就是秸秆原料在缺氧状态下加热反应的能量转换过程。秸秆是由碳、氢、氧等元素和纤维等成分组成。当它们被点燃,只供应少量空气,并且采取措施控制其反应过程,使碳、氢元素变成一氧化碳、氢气、甲烷等可燃气体,秸秆中大部分能源都转移到气体中,可燃气体燃烧时,能量释放出来,这就是气化过程。这与燃烧过程有显著的不同,燃烧时要供应充足的空气,产生的烟气中主要含二氧化碳和水蒸气。

秸秆原料的元素分析,成分主要有碳、氢、氧、氮和少量的灰分,各种秸秆除因灰分不同,热值稍有差异之外,其主要的元素成分碳、氢、氧的含量基本相同,因此,它们的气化过程是相同的。

秸秆的原料进入气化反应器后首先被干燥、然后随着温度的升高,其挥发物质析出并在高温下裂解(热解)。热解后的气体和炭在气化区与供入的空气发生燃烧反应,产生二氧化碳和水蒸气。燃烧生成的热量用于维持干燥、热解和下部还原区的吸热反应,燃烧后的气体,经过还原区与炭层反应,生成含 CO、H_2、CH_4 等成分的可燃气体,由下部抽出,去除焦油等杂质后送出使用。灰分则由气化器下部排出。

二、供气系统

秸秆气化集中供气系统基本模式为以自然村为单元,系统规模为数十户至数百户,系统由 3 部分组成:秸秆气化机组、燃气输配系统和用户燃气系统。工艺系统如图 7-1 所示。

将铡成小段的秸秆送入气化器中经过热解气化反应转换成可燃气体,在净化器中除去燃气中含有的灰尘和焦油等杂质,由风机送到气柜中。气化器、燃气净化器和风机组成了秸秆气化机组,气柜的作用是贮存一定量的燃气以平衡系统燃气负荷的波动,并提供恒定的压力,保证用户燃气灶具的稳定燃烧。离开气柜的燃气通过铺设在地下管网分配到系统中的每一用户。用户打开燃气用具的阀门,就可以方便地使用燃气。

JQ 秸秆气化机组由加料器、气化反应器、净化装置、罗茨风机和电控系统 5 部分组成。其气化的工艺流程为:秸秆自然风干至含水分 20% 以下,经铡草机处理为 15～20 毫米的长度,进入秸秆气化机组的气化器,在气化器中经热解、氧化

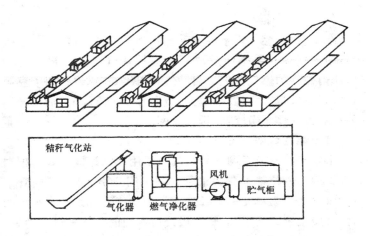

图 7-1　秸秆气化集中供气系统

还原反应,转换成为可燃气体。燃气被送入燃气净化器,除去其中的灰尘和焦油,并冷却到常温。然后经风机加压后送入燃气输配系统(表 7-1)。

表 7-1　燃气输配系统效率

主要参数	JQ-100	JQ-200
燃气产量(立方米/小时)	200	400
输出热量(千焦/小时)	1000	2000
燃气热值(千焦/立方米/小时)	5	5
气化效率(%)	72~75	72~75
合理供气规模(户)	100~200	200~500

气化机组产生的燃气在常温下不能液化,必须通过输配系统送至用户,燃气输配系统包括贮气柜、附属设备和燃气管网。

(一)贮气柜

在 1 天中,燃气用量的波动是相当大的。一般来说,连续产气的气化炉具是不能解决短期高峰用气的。用户平时用气,应由贮存的燃气供应。启动气化机组,在风机作用下克服阻力,将燃气送入气柜,活塞上升;向外输送气体时,活塞又不断下降,将气体压出气柜,送入管网。

(二)燃气管网

由管道组成的管网是将燃气供给用户的运输工具。根据其在管网中的位置可分为干管、支管、用户引入管、室内管道等。以自然村为单元的秸秆气化集中供气系统是一个小型的燃气供应系统。其干、支管采用浅层直埋的方式辅设在地下,一般管道的材质有钢管、铸造管和塑料管(近年来在低压系统中越来越广泛使用塑料管道)。

(三)燃具组成

用户燃气系统由煤气表、滤清器、阀门、专用燃气灶具等组成。

由于秸秆气化后产生的可燃气体热值低,根据燃烧学的理论,必须用专门设计的灶具,使燃气在一定的供气压力下与空气合理匹配,达到对灶具热负荷的要求,满足蒸、煮、爆、炒的炊事用气。

三、环境保护

本项目建成后生产原料为农作物秸秆,经缺氧燃烧后,产生可燃性气体,作为农户炊事燃料使用。燃烧剩余物为草木灰可作为优质农家肥施于农田。因此本项目对环境无污染。其中主要设备罗茨风机噪声超标,可采用配置消音器解决。

四、消　防

本项目属乙类防火等级场站,总图布置保证与周围建筑物最小防火间距,根据 GB5011183—93 规定,间距均大于 20 米。

场站内按《建筑设计防火规范》规定配置手提式灭火设备。

场站设有专门消防水池和喷水设备。消防水保证时间不小于 10 分钟。

第三节　投资与效益分析

一、秸秆气化集中供气系统总投资

秸秆气化集中供气系统投资受村庄规划、规模、用气负荷集中程度和村庄经济水平等许多因素的影响。根据已建成示范站的经验和投资核算,100～300 户规模的秸秆气化集中供气系统的投资估算见表 7-2。

表 7-2　集中供气系统的投资

机组型号	JQ-100	JQ-200	JQ-300
供气户数(户)	100	200	300
气化站建筑(平方米)	70	70 或 90	90
建筑要求(长×宽×高,米)	11×6×3.5	11×6×3.5 或 13×7×4	13×7×4
气化站占地(平方米)	1200	1200	1200
气化站需动力(千瓦)	4.5～5	7～7.5	7～7.5

机组型号	JQ-100	JQ-200	JQ-300
气柜容积（立方米）	150	260	340
气柜材料（钢材，吨）	9	12	20
气柜造价（万元）	5	10	12
机组价格（万元）	8	8	8
气化站及气柜配套附件（万元）	0.4	0.6	1
管网系统（万元，除灶和表外）	5～8	10～15	15～20
系统总投资（万元）	21.4	33.6	41.2

注：灶具由 50～218 元/只不等，煤气表 98 元/只，以上投资各项费用是参考值

二、运行成本分析

按每户每日用气 4 立方米和每千克秸秆 0.06 元计算，秸秆气化集中供气系统的年运行费用和供气成本计算结果见表 7-3。

表 7-3　年运行成本及供气成本测算表

机组型号	JQ-100	JQ-200	JQ-300
户数	100	200	300
供气量（立方米）	144000	288000	432000
秸秆消耗量（吨）	100	200	300
燃料成本（元）	6000	12000	18000
年耗电量（千瓦小时）	4050	6300	9450
电费（元）	1922	2835	4252
人员工资（300 元/人/月）	7200	10800	10800
折旧费（元，按 15 年）	13600	18933	24266

机组型号	JQ-100	JQ-200	JQ-300
年运行成本(元)	20802	43368	55518
燃气成本(元/立方米)	0.1	0.08	0.08
销售价(元/立方米)	0.2	0.18	0.18
销售收入(元)	28800	51840	77760

若燃气按 0.18 元/立方米出售,每户每年需支出燃气开支 259.2 元,每月平均 21.6 元,但考虑到气化站所用原料系从农户收取,农户出售秸秆的收入应折抵部分燃气费,平均每户交售秸秆收入为 60 元,因此平均每户每年实际燃气支出为 199.2 元,平均每月 16.6 元。

相比之下,使用蜂窝煤时每户需支出燃料费 19.5 元(当地蜂窝煤每块 0.13 元,每户每天需烧 5 块)。使用液化气时,每户每月 27 元(当地液化气每瓶 50 元,按每户 1 瓶用 1.5 月计算)。每年每户可节省 280 元以上的燃料费,相当于液化气费用的 1/2。

三、效益分析

本项目建设推广拟采取用户单位投入一部分、政府补贴一部分和收取农户一定数额的入户费的方式共同建设秸秆气化集中供气示范站。

分别以 100 户、200 户、300 户标准示范站为例,燃气售价 0.18 元/立方米计,做投资分析如下(不包括场站土建投资)。

(一)申请补贴

每建一站拟申请政府财政补贴 10 万元。

(二)投资类别

按户型不同场站设备投资分别为：

100 户需投资 13 万元,其中气化机组 8 万元,贮气柜 5 万元。

200 户需投资 18 万元,其中气化机组 8 万元,贮气柜 10 万元。

300 户需投资 20 万元,其中气化机组 8 万元,贮气柜 12 万元。

(三)系统管网投资

100 户需投资 5 万～8 万元。

200 户需投资 10 万～15 万元。

300 户需投资 15 万～20 万元。

(四)按每户收取入户费 1 000 元计

100 户型站收入户费 10 万元。

200 户型站收入户费 20 万元。

300 户型站收入户费 30 万元。

(五)总 投 资

100 户总投资为:13+8+0.4=21.4 万元。

200 户总投资为:18+15+0.6=33.6 万元。

300 户总投资为:20+20+1=41 万元。

(六)燃气成本

100 户型站燃气成本为 0.1 元。

200 户型站燃气成本为 0.18 元。

300 户型站燃气成本为 0.08 元。

(七)售气净收入

100 户年售气净收入(按 0.2 元/立方米计):

144000×0.2－144000×0.1=14 400 元。

200 户年售气净收入(按 0.18 元/立方米计):

288000×0.18－288000×0.08＝28 800 元。

300 户年售气净收入(按 0.18 元/立方米计):

432000×0.18－432000×0.08＝43 200 元。

(八)投资回收期(不含用户入网费)

100 户型站投资回收期约为 8 年。

200 户型站投资回收期约为 4.7 年。

300 户型站投资回收期约为 2.5 年。

(九)收　入

农民收入情况(秸秆收购按 0.06 元/千克计算):收入约
60 元/户。

(十)运行年限

按当前一般秸秆气化设备,其运行年限为 30 年。

(十一)优化户型

从上述分析看,200 户型、300 户型站比较经济实用,建议
推广建设。100 户型站不经济。

四、综合评价

秸秆气化技术有利于资源综合利用和保护环境,并且得
到了农户的赞赏,"一人生火,全村做饭",并且减少了农村的
失火隐患。有利于还山归林、减少农村薪炭林地占有和农业
经济的主体开发,既解决了废弃物秸秆的利用,又增加了农民
的收入;既可带动相关行业的发展,增加就业机会,又可成为
新世纪农村经济的一个新的增长点。

综上所述,秸秆气化项目的社会效益、环境效益、经济效
益均有较好的发展前景,再加上目前有可靠技术,及潜在的资
源和稳定的市场,无投资风险。

第三编 太阳能的利用

第八章 太阳能知识及太阳能热水器

第一节 概 述

一、太阳辐射的能量

太阳的总辐射功率为 3.73×10^{23} 千瓦,相当于 1 架具有 5 000 万亿亿马力的发动机的功率,或 1.3 亿亿吨标准煤燃烧时所产生的全部热量。

从太阳上不断辐射的能量,以每秒 30 万千米的速度穿越太空,8 分钟后,大约有 20 亿分之一到达大气层。这 20 亿分之一的功率约为 173 万亿千瓦,其中有 23% 的能量被大气层吸收,被大气层反射回宇宙空间的约 30%,穿过大气层到达地球表面的约 47%,数量为 81 万亿千瓦。其中被陆地接收的,约为 17 万亿千瓦。比当前全世界 1 年内能源的总消耗量,还大 1 万多倍。由此可见,太阳能的利用前景是多么可观。

二、地面上太阳辐射能的强度

地面上单位面积的太阳辐射能量究竟有多大?因为这个数字决定人们利用太阳能的可能性。为了回答这个问题,首先来解释一下什么叫太阳辐射强度:即在任何一单位水平面积上、单位时间内所得到的太阳辐射能量。它不是一个恒定值。但在大气层外的太阳辐射强度趋于某一恒定值。地球绕太阳做椭圆运动,不同时期地面所测得的太阳能辐射强度也不同,大体上近日点在 1 月 1 日,为 1 399 瓦/平方米,远日点在 7 月 1 日,为 1 309 瓦/平方米,平均点在 4 月 1 日和 10 月 1 日,为 1 355 瓦/平方米。当太阳与地球间距离等于地球轨道的平均半径时所测得的太阳辐射强度,称之为太阳常数(11 355 瓦/平方米,1.94 焦耳/平方厘米·分)。太阳常数只给出了大气层外的太阳辐射强度,因为大气层的成分使太阳光到达地面的太阳辐射强度有很大变化,这是因为太阳辐射强度与太阳高度角、地理纬度及大气的透明度等因素有关。一般在各方面条件都比较好的情况下,可达 1 000 瓦/平方米,而在工程应用中,该数值常取为 700～800 瓦/平方米。

三、我国太阳能的分布

我国各地太阳年辐射总量在 80 万～200 万焦耳/平方米,其分布情况主要有以下两个特点:

(一)西部高于东部

西部地区太阳能年辐射总量为 140 万～200 万焦耳/平方米,东部地区为 80 万～160 万焦耳/平方米。

为了更好地利用太阳能,根据各地不同条件及接收太阳能的多少,全国划分了 5 个热能等级和 7 个区域。我国北方地区属第三热能等级。年日照时数为 2 200～3 000 小时,年太阳辐射总量 120 万～140 万焦耳/平方米。各地的年日照和太阳辐射总量,可以从当地气象资料中查找。

(二)太阳能的特点

太阳能与常规能源比有以下优点:①阳光到处都有,不需运输。②太阳能是取之不尽,用之不竭的能源。③太阳能是清洁的能源,没有污染。

利用太阳能也有不利的因素,主要是:①能量密度分布太低(面积大)。②受到自然条件的限制(受冬季、阴雨天、大风天的限制)。

(三)太阳能的收集和转换

就目前的情况看基本上有 3 种转换方式:①光热转换。②光电转换。③光化学转换。

第二节 热 水 器

一、概　述

(一)太阳能热水器的用途

太阳能热水器就是利用太阳能光热转换的原理制造的,它主要是为人们提供生产、生活用热水,可广泛地应用于工厂、机关、部队、学校、服务行业、农村农民家庭。

(二)太阳能热水器的组成

由集热器、贮水箱和输水管路组成。

(三)工作原理

是利用集热器吸收太阳辐射能并将其转化成热能,将水加热,然后通过输水管路送到贮水箱中,以备使用。

太阳能热水器的生产能力,主要视集热器的面积而定,一般每平方米集热器,在正常的气候条件下,每天可生产 60℃左右的热水 60～200 升。

太阳能热水器同其他太阳能利用装置相比,具有结构简单、制作容易、维修管理方便、清洁卫生、一次投资后就可长期使用等优点。

二、太阳能热水器的类型

太阳能热水器按其收集太阳能的原理基本上可分为两种,即平板型太阳能热水器和聚光型太阳能热水器。

平板型太阳能热水器就其结构和工作方式可以分成以下几种:

(一)浅池式热水器

浅池式太阳能热水器(图 8-1)其顶部盖一层玻璃,底部与四周加以保温层,池底涂上一层黑漆或覆盖黑色塑料薄膜。

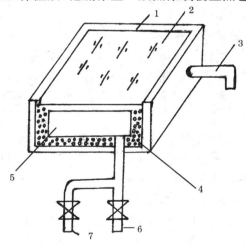

图 8-1　浅池式太阳能热水器

1.外壳　2.玻璃盖板　3.溢流管　4.保温层

5.防水层　6.出水口　7.进水口

外壳可用金属、木材或水泥等材料制作。使用时将热水器水平放置在阳光下,往池内注入10厘米左右深的水。

在夏季晴朗天气,每平方米的浅池式热水器,每天可产40℃左右的热水60～100升。此种类型的热水器适用于平屋顶。但是由于水平放置,在高纬度地区,则不能充分地利用太阳能,故效率较低。其次是保温不好,热损失较大。

(二)封闭式热水器

这种热水器多采用铁皮、金属管或塑料管等材料制作。整个热水器为封闭式,里面盛水,倾斜放置,这样既减少了热能损失,又可接收更多的太阳辐射能,效率较高。这种热水器的特点是集热器和热水箱合为一体,不必单设水箱,结构简单,安装方便,比较适宜家庭使用。吉林省推广使用的热水器大部分为此种类型(图8-2)。

(三)薄膜式热水器

此种热水器整个结构采用软质聚乙烯树脂制成,表层透明,底层为黑色,两层相叠,四周焊牢,然后将水注入两层之间加热。这种热水器的特点是轻便价廉,可制成折叠式(图8-3)。

另外,还有同此种热水相类似的热水器——红泥塑料闷晒式热水器,此种热水器具有造价低,安置使用方便,体积可大可小,根据用水量进行合理使用。缺点是热效率较低。

(四)一次加热式热水器

这种热水器的工作原理是将水通过细长管道送入集热器内。在集热器中加热后再流入热水箱,贮存备用。水的温度可以靠调节进水流量来控制。此种热水器的造价高于前几种类型的热水器。但因为有贮热水箱,如贮水箱的保温性能好,则可以集中使用热水,可供多人同时淋浴等(图8-4)。

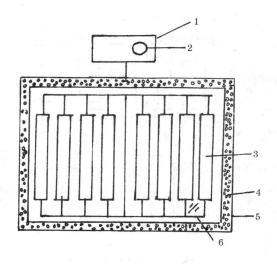

图 8-2 封闭式热水器

1. 补水箱　2. 浮球阀　3. 集热筒

4. 保温层　5. 外壳(金属板)　6. 盖板(玻璃)

(五)循环式热水器

循环式热水器较前几种热水
器效率都高。它除了具有集热器
外,还有一个位置高于集热器的
保温水箱。当集热器里的水吸收
太阳辐射能温度上升时,水的比
重减轻而升到贮水箱的上部。这
时,贮水箱下部温度较低的水,比
重较大,就由水箱下部流到集热
器的下方,受热又上升。这样不
断地往复循环,将水加热。循环

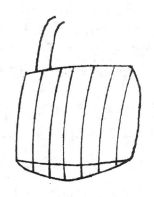

图 8-3 薄膜式热水器示意图

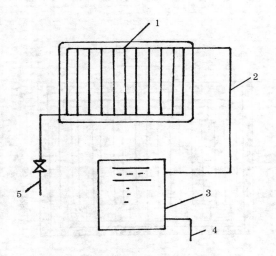

图 8-4 一次加热式热水器

1. 集热器 2. 联接管路 3. 贮水箱 4. 热水出口 5. 进水管

式热水器分自然循环(图 8-5)和强制循环(如图 8-6)两种。

在实际工作中,热水器的类型往往又根据集热器的结构来划分。目前应用较为普遍的是管板式、扁盒式,此外还有瓦楞式、扁管式、真空管式等多种类型。近年来又研究出一种热效率较高的铝翼式太阳能热水器。

太阳能热水器的研制推广速度是比较快的,今后还会出现许许多多不同类型的热水器。在应用太阳能热水器时,一定要结合当地的条件和使用对象,适当选择,不断有所创新。

三、热水器系统

一般在单位集体使用的太阳能热水器,大多是循环加热式或一次加热式热水器。这两种热水器,基本上由集热器、贮水装置、循环管路、控制装置、供水装置及其支撑固定装置构

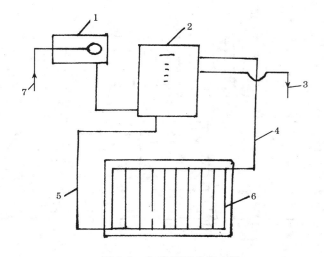

图 8-5　自然循环式热水器

1. 补水箱　2. 循环水箱　3. 热水出口
4,5. 循环管路　6. 集热器　7. 进水管

成。如果改变其某一主要装置的结构和布局,就可形成不同的太阳能热水系统,其目的是为了适应各种不同的使用条件。下面就典型系统做一介绍。

(一)典型的自然循环太阳能热水系统

在此系统中,自然循环主要由集热器、循环水箱、上循环管及下循环管来完成的。热水器的工作过程是:由水源来的冷水经进水管送到补水箱中。当补水箱中的水达到一定深度时,靠浮球阀的作用使进水停止。当需要用水时,打开阀门,补水箱中的水就经过补水管进到循环水箱中,又经过下循环管进到集热器中。当集热器中的水被太阳能加热后,又经过上循环管到达循环水箱中。循环水箱下部的冷水经下循环管进入集热器补充。这样反复循环,使水温不断升高,直到满足

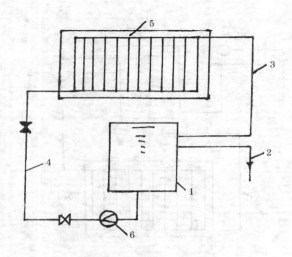

图 8-6　强制循环式热水器

1. 循环水箱　2. 热水出口　3,4. 循环管路

5. 集热器　6. 水泵

使用要求。

　　溢流管和排气管的作用主要是为了排出补水箱和循环水箱里的空气。此外,溢流管还有观察浮球阀是否失灵的作用。

　　供热水管的作用是向淋浴设备提供热水。当由供热水管提供的热水温度超过使用要求时,可以利用供冷水管引来补水箱中的冷水与热水混合使用。副供热水管的作用是,打开阀门,可以把循环水箱里的热水用尽。

　　此热水系统的特点是结构简单,运行安全、可靠,维修方便,不需要辅助能源,对管理人员在技术上无特殊要求。但这种循环水箱比较笨重,并高架于集热器之上。这就要求必须从建筑结构设计方面考虑屋顶承重问题。这种系统一般适用于集热面积几平方米到几十平方米的中小型热水器系统,并以全天非集中用水情况下效果为最佳。

(二)自然循环定温放水系统

在自然循环太阳能热水系统中,循环水箱与集热器的水温差是保证循环系统工作的一个主要因素。随着水在集热器里不断地加热,循环水箱里的水温也不断提高,逐渐缩小了与集热器内的水温差,从而使循环流量减少,降低了热效率。

为了提高系统的热效率,采取定温放水是改善循环条件的一个好的方法。这种方法是使热水箱内的水逐渐升高到一定温度值时,水便自动流入贮水箱内贮存。同时,循环水箱内相应地补入冷水使水箱水温与集热器中的水温差提高。从而加快了循环,提高了热效率。一般情况下,若集中使用热水,采取定温放水方法,可多产热水 1 倍左右。

实现定温放水的控制装置种类很多。在这里介绍一种方法:在供热水管下端串入电磁阀,电磁阀的启闭由电接点温度计控制。温度计传感器的端头固定在循环水箱上部出口附近相同的高度上。当循环水箱出口处水温达到预定的温度上限时,温度计的温度指示触头便与上限触头相接,通过中间继电器 JZ,向电磁阀通电,使阀门打开,将水放入贮水箱贮存。紧接着由补水箱向循环水箱补入冷水,水温下降。降到预定的下限时,温度计的温度指示触头与下限触头,接通另一个中间继电器,阀门因切断电磁阀电源而关闭,放水停止。

采取定温放水方法,使得位于集热器上的循环水箱不再兼有贮存热水的作用,因而体积可以缩小些。同时使水温更快地达到规定的温度。贮备大量热水的贮水箱,位置可以放得低些。若集热器、循环水箱设在屋顶时,则贮水箱可放在室内(但要高于淋浴设备),从而减小了屋顶的载荷,使系统布局灵活地处置。

由于定温放水需要控制设备,故不仅需要辅助能源,也影响了系统运行的稳定性和可靠性,给管理、维修带来麻烦。此外,由于电磁阀要有一定的压力才能关闭严密,所以贮水箱既要低于循环水箱一定的距离,又要高于用水设备之上,因此安装时一定要注意。

(三)自然循环变流量定温补水系统

自然循环变流量定温补水系统,集热器和循环水箱的运行与自然循环定温放水系统完全相同。控制装置亦同于变流量定温放水系统。所不同的是,本系统的控制装置和启闭阀门安装在补水管上,用控制补水量的大小将达到一定温度的水从循环水箱上部压到贮水箱中贮存起来。

与自然循环定温放水系统相比,两者具有同样大小的系统热效率。只是本系统不再需要补水箱,也不需要特殊的安装条件。

(四)变流量定温放水系统

在数百平方米的大型太阳能热水器上,若再采用自然循环的运行方式,就会遇到一些问题。如集热器的组合困难,上下循环管路增多,高架子集热器上的循环水箱太重等。为此,人们采用了强迫循环,一次加热,以温度来控制流量的方法,称为变流量定温放水系统。

该系统的运行过程:水依靠自来水压力进入水管,经ZAP型双通电动调节阀,由进水管送到集热器。水在集热器加热后,由热水管送到贮水箱中。系统的控制方式是靠安装在最后一组集热器出口的温度传感器,通过电接点压力式温度计,将感受到的温度在电接点压力温度计内进行比较。当感受到的温度超过上限值时,温度指示触头和上限位触头接通,输出信号,控制电动调节阀,将阀门开大,增加流量。当感受到的温度小于下限值时,温度指示触头和下限位触头接通,输出信号,控制电动调节阀,将阀门关小,经这样的控制,使由集热器输出的热水保持在一定的温度范围内。此温度范围是控制在满足使用要求下的最低温度。因为集热器的效率与水温有关,水温越低,热效率越高。本系统就是利用这一特性,使集热器出口温度控制在某一值上,而入口温度始终维持着自来水温。当出口温度限制得较低时,可望获得较高的系统热效率。

变流量定温放水系统用于大型太阳能热水系统工程有以下的优点:布局灵活,系统结构简单。除了循环水箱不必高架于集热器之上,所有集热器也可分散在几个地点,通过管道用串联或串并联方式,组成一个一次流动系统。没有繁多而粗大的循环管,也不需要循环水箱和补水箱。

此系统同样因为需要控制装置,在一定程度上增加了管理工作量。系统运行的稳定性和可靠性在很大程度上取决于控制设备的质量。

四、热水器的总体设计及布局

(一)总体设计的任务

一是根据用户的要求和条件选定热水器的规模和系统的类型。二是结合热水器安置场地和条件,设计好整套装置的布局,选择好附属设备。

(二)热水系统的选择

一般情况下,集热面积比较小的热水器(50 平方米以下),在有自来水的条件下,应重点考虑选取典型的自然循环热水系统。特别是非集中用水,如浴池、理发店、饭店等。

如果需要较大的集热面积,而安装场地很小,又有一定的管理能力时,可考虑选取自然循环定温放水系统及自然循环变流量定温补水系统,以保证既可缩小集热面积,又不影响使用效果。

如果是集热面积为几百平方米的大型热水器,应尽量选取变流量定温放水系统。

(三)集热面积的计算

集热器的使用面积,就是热水器的集热面积。集热面积的选取,可通过计算进行选择。

$$S = \frac{GW}{Q}$$

式中:G—供水标准;

　　　W—用水人数;

　　　Q—热水器产水量;

　　　S—集热器使用面积。

为了满足人们的使用要求,保证用水,可在设计的基础上,相应地增大集热面积。对于几十平方米的热水器,可增大1/4左右。对于几百平方米的热水器,可增大1/8左右。

(四)循环水箱、贮水箱的容积

根据集热面积大小来配置循环水箱和贮水箱,在一般情况下,循环水箱容积不宜过大,否则会影响春秋季节的使用效果。也可将水箱分成两级,在夏天时使用两个,到春秋季节时使用1个,以保证用水温度。

定温放水和补水系统贮水箱的容积,可按集中使用热水方式循环水箱容积的1.6~2.4倍来考虑。如100平方米集热面积的热水器,贮水箱容积为16~24立方米。

(五)各主要装置的布局和选择

1. 集热器的组合 组合方式有串联、并联和串并联等。

2. 集热器的设置 集热器的朝向最好面对正南,如场地条件不能满足要求时,也可偏移 15°。同时要注意不可放在风口上,以防热量损失,也不可放在有烟尘的下风场地,以免污染集热器,影响对日光的吸收。集热器可放在屋顶上或开阔的地面上,有条件时最好结合屋顶设计成一个整体。

集热器的倾角,要根据使用时间和地区纬度而定。一般如需全年使用,应以当地的纬度为倾角。如以夏季使用为主,可照当地纬度数减少 10°。

3. 集热器与循环水箱的高差 主要目的是为了获得一定的压力。高差要选择好,高差太小在夜间会使贮水箱中的热水侧流,高差太大使安装费用增多。

4. 其他选择 如控制装置的选择,循环管路的选择。

5. 辅助设施 典型的自然循环热水系统所提供的水温不是恒定的,往往超过所需温度。故在使用时,要有冷水混合。注意冷水管不能从水源直接引出,要从补水箱引出,这样水压相同,调节方便,节约用水。

五、热水器的安装和维护

(一)热水器的安装

首先应满足总体设计提出的技术要求。除此以外还应注意以下几点:

1. 注意防爆 为了防止安装集热器时玻璃破碎,应在集热器安装就位后再装玻璃。如在炎热的夏季安装,应将热水器系统充分循环,以避免吸热板过热,密封后玻璃发生炸裂。

2. 注水试压 集热器在安装玻璃前,应进行水压试验(在 1.5 倍的工作压力下,不漏不渗)。

3. 注意密封 在安装玻璃时,应注意使边框留有余地,以防玻璃因热膨胀引起受压而破裂。玻璃的连接以顺水搭接为宜,但必须在搭接面上刷粘接剂使之结合严密。

4. 防潮 保温层在安装过程中,不要让它受潮,在雨季尤其要注意。

5. 注意密度 在使用散装保温材料时,注意其密度要适当,以保持其疏松多孔的特性。

6. 注意防渗 热水器的整套系统在安装时,必须连接严密。安装完毕后,要仔细检查,防止渗漏。

7. 安装基础牢固 热水器的安装基础必须牢固,要有良好的抗风性能。

8. 做好保温 在安装上下循环管、热水管、热水箱时,要进行保温处理。

(二)注意事项

为保证热水器发挥其正常的工作效率,应注意以下几点:

1. 用前检查 太阳能热水器在刚开始使用时,应先关闭所有水箱管道上的泄水阀门。然后充水检查,待没有渗漏后,方可开始正式使用。

2. 保持清洁 应经常清洗集热器透明盖板的外表面,保持清洁,以免降低吸热效果。

3. 防止渗漏 热水器使用一段时间后,应注意检查盖板、边框等衔接部位,看是否露有缝隙。如发现后要及时采取措施封闭。

4. 防止堵塞 热水器在使用一定时期后,应进行全面清洗,以防止水箱、管道内沉积污垢,堵塞管道,同时也能保证水质的清洁。

5. 注意防冻 在冬季停止使用时,应将热水器内部的水排放干净,以防冻裂。春初晚秋的晚间也有可能上冻,故日间用毕需关闭水箱下部阀门,泄去集热器内的水,并在其外表面盖上保温材料(如稻草帘、棉毯等),以防气温骤降,损坏设备。

6. 注意控温　使用时应注意控制热水器的水温不超过65℃,以避免水垢的产生。

7. 注意水位　使用时还应注意,循环水箱内水面不低于规定标高。水位过低时容易使上升循环脱空,造成整个系统停止循环。

第三节　供　暖

一、概　述

(一)太阳能供暖的作用及可利用性

今后,人类在大规模利用太阳能的实践中,太阳能在建筑方面的应用被认为是比较广泛的,也是在短期内即可见效的。

1. 作用　建筑物耗用的能量(主要用于供暖)在整个能量消耗中占有较大的比重,有的国家竟达 1/4 左右。因此,如果能够利用太阳能解决这其中的一部分能源需要,所节约的燃料将是极为可观的。

2. 可行性　利用太阳能供暖,建筑所要求的工艺技术比其他大规模利用太阳能(如发电)的工艺技术要容易一些,一般来说,不存在着技术上的障碍。

(二)太阳能供暖的优点

利用太阳能供暖,是一项值得推广应用的技术。归纳起来,有以下 4 条优点:①使用效果明显,经济效益显著。②可以节约大量常规能源,缓和常规能源短缺和经济建设发展需求的矛盾。③减轻环境污染。④保护生态平衡。

总之,利用太阳能为建筑供暖虽然是一项新技术,还没有被人们充分认识,但它却以蓬勃的生命力展现在人们的面前。特别是边远地区及缺少取暖用能的地区,利用太阳能为建筑供暖,更具有重要的实用意义。

二、太阳能供暖房的设计知识

(一)基本要素

在任何太阳能采暖系统中都包含 5 个基本要素或叫组成部分:太阳能集热器、贮热器、分配器(或叫分配系统)、辅助加热器(或叫辅助热源)和控制器。

为了利用太阳的能量,必需先将能量"收集"、"贮存"起来,然后在适当的时候将其"分配"出来,这一过程必须加以"控制"。而当获取的或贮存的太阳辐射能量不能满足采暖负荷的时候,则须由"辅助热源"来补充解决。

(二)太阳能集热器

太阳能集热器主要有两类:

1. 集热器 建筑物本身作为太阳能集热器,加设玻璃的朝南的建筑构件作为太阳能集热器。

2. 集热板 集热板(或管)作为太阳能集热器,它是附在建筑结构上的独立的太阳能金属构件。

(三)贮热体(器)

1. 热体 建筑结构贮热体。

2. 热器 圆筒水贮热器。

3. 热仓 岩石贮热仓。

(四)分配系统

1. 贮热体分配方法 建筑结构贮热体的分配方法是将贮存在建筑构件中的热量以辐射、对流和传导的方式直接传递到需采暖的房间中去。

2. 贮热器的分配方法 圆筒水贮热器的分配方法。贮存在圆筒中水的热量,以水循环到对流风机、板式散热器或地板下盘管的方式,传递到需采暖房间中去。

3. 贮热仓的分配方法 岩石贮热仓的分配方法。贮存在岩石仓内岩石中的热量,以空气通过对岩石仓至采暖房间之间风道的方式传递到采暖房间中去。

三、太阳能供暖的基本方式

(一)被动式

所谓被动式,就是根据当地气候条件,依靠建筑物本身的构造和材料的热工性能,使房屋尽可能多地吸收和贮存热量,以达到使用的目的。其特点是构造简单,造价低廉,易于推广。

被动式太阳房从太阳热能利用的角度,基本上可分为 4 种类型:

1. 直接受益式 利用南窗直接照射的太阳能。

2. 集热蓄热墙式 利用南墙进行集热蓄热。

3. 综合式 温室和前两种相结合的方式。

4. 屋顶集热蓄热式 利用屋顶进行集热蓄热。

(二)主动式

主动式就是利用集热器、蓄热器、风机、泵以及管道等设备来收集、贮存、输配太阳能。由于该系统比较复杂,造价也较高,因而不适宜一般的民房采暖,而多用于公用建筑的供暖。

主动式供暖系统可以使用两种不同的传热介质来输配接收的太阳能,这两种传热介质一为水,另一为空气。

四、太阳房的设计

(一)太阳房集热面积的确定

首先,计算全年获得的能量 W:

$$W = I n n_0 A$$

式中:I 为太阳辐射量;n 为集热器的热效率;n_0 为有效利用率;A 为集热器的有效集热面积。

其次,确定采暖期间获得的能量 W_0:

$$W_0 = I_0 n n_0 A$$

式中:I_0 为采暖期间的太阳辐射量。

第三,求太阳保证率 f:在全年的采暖期中,太阳供给的能量 W_0 同采暖期间所需的总能量之比,称为太阳保证率 f。

$$f = W_0 / Q$$

f 是设计和评价太阳房的一个重要参数,它可以直接反映了太阳房的热工性能和经济指标。取值范围取为 $0.6 \sim 0.8$。

第四,计算有效集热面积:

$$A = f Q / n n_0 I_0$$

式中各值可用下列方法求出:①I_0 值可以从当地的气象资料中查找。②对于采暖所需的能量 Q,也就是房间的热损耗,可由下式来概算:

$$Q = KFYDT$$

式中:K—围护结构的总传热系数(千卡/平方米·时·℃);

F—围护结构的散热面积(平方米);

Y—冷风渗透量;

D—度天数;

T—每天采暖时数。

式中 K 按下式计算：

$$K = \cfrac{1}{\cfrac{1}{\alpha_n} + \sum \cfrac{\delta}{\lambda} + \cfrac{1}{\alpha_\omega}}$$

主要围护结构的 K 值也可直接从有关建筑材料上查找。

冷风渗透量 Y 可按下式进行计算：

$$Y = CVnr_w$$

式中：C—空气的比热，标准状态下为 0.24 千焦/千克·℃；

　　　V—房间的换气次数（次/小时）；

　　　n—房间的换气次数（次/小时）；

　　　r_w—室外空气的密度（千克/立方米，在℃，标准大气压下，空气的密度为 1.29 千克/立方米）。

度天数 D 是采暖期间每一天的室外平均温度与室内设计温度之差的累计值。该值乘上每天采暖时数 T，就成为计算热损耗的一个重要数据——度时数。

公式 Q＝KFYDT 特别适用于地下建筑物采暖所需能量的计算，对于地面建筑，还需要减去由南窗所获得的能量，即

$$Q = KFYDT - S_0 I_0$$

式中：S0—南窗面积。

由以上诸式可得，太阳房的有效集热面积为：

$$A = f(KFYDT - S_0 I_0)/nn_0 I_0$$

对于利用热水器采暖的太阳房，n 值可在 0.4～0.5 之间选取；利用空气集热器采暖可在 0.3～0.4 之间取值。被动式太阳房的集热墙，当然也可以看成是一种空气集热器，但它的 n 值一般在 0.2～0.3 之间选取。

(二)最佳保温厚度的确定

在设计太阳房或将原建筑建成太阳房时,必须采取适当的保温措施。太阳房外围护结构的保温性能越好、保温层越厚,则年供暖成本越低。但保温材料耗量增大,即年保温成本增加。因此,要对保温措施进行技术经济分析,以确定最佳保温层厚度。所谓最佳保温层厚度是指当保温层厚度达到此值时,年供暖成本和年保温成本之和,即年总费用最小。

(三)集热墙通风口的确定

被动式太阳房集热蓄热墙设置通风口时,风口的面积 A_f 一般可按下面的经验公式求得:

$$A_f = \frac{A}{100}$$

其中:$A_f = F_1 + F_2$

式中:A_f—集热蓄热墙面积(立方米);

F_1—进风口面积(平方米);

F_2—排风口面积(平方米)。

风口面积 A_f 的大小,与太阳能保证率的大小也有一定关系。如果太阳能保证率小(如太阳能保证率为 60%)则风口面积与集热蓄热墙面积之比可以取大些,A_f/A 可达到 0.03。为防止夜间室内空气的倒流,还应在上下风口处装上塑料薄膜,当空气倒流时可自动关闭。

第九章　太阳能校舍

太阳能是无处不有,取之不尽的最大能源,由于资源丰富,节能效益、经济效益、环境效益显著,在占我国面积2/3的国土上都有开发利用太阳能资源的条件,因此,结合我国城乡建设的飞速发展,充分利用太阳能,尤其是目前日臻完善的被动式太阳能采暖技术的大力推广,无疑对我国农村、牧区经济建设、生态建设具有十分重要的战略意义。

第一节　目前农村中小学校舍的现状

我国北方的农村,大多属中温带大陆性季风气候,太阳辐射率高,日照丰富,冬季漫长寒冷,夏季短促凉爽,降水集中,雨热同季,年平均气温$-2℃\sim-5℃$,年日照时数为2 700~2 950小时,日照率为65%,冬春风大干燥雪雨少,采暖期平均气温$-12℃\sim-19℃$,最冷月平均气温$-17℃\sim-24℃$,极端最低气温$-45℃$,全年取暖期为180~210天,度天数分别为4 320℃~4 892℃。采暖期间占全年时间的50%以上。在这样气候条件下的农村牧区有95%以上的中小学校舍取暖方式仍然是采用比较落后的火炉供暖。耗能多、热效率低、卫生条件差,室内温度冷热不均,近炉处热、远炉处冷,平均室内温度只能保持在6℃~9℃的低温水平,大部分学生都出现了冻手冻脚,严重地制约农村教育事业的发展,从而影响了教学质量的提高。

多年来,我国北方广大能源工作者一直从事"太阳房研究"项目,经过多年的试验和研究,在总结提高的基础上设计出了一种适合寒冷气候条件的"被动式太阳能中小学教室"。这种教室在没有任何辅助热源的情况下,室外气温在－26℃时,室内温度可达 12℃～17℃,节能率达到了 100%,从而结束了寒冷地区农村中小学教室取暖靠火炉的历史。一个宽敞、舒适干净、卫生的新型节能建筑在各地得到了广泛的推广应用。截至目前,取得了显著的节能效益、经济效益、社会效益和生态效益。

第二节　被动式太阳能中小学教室结构

一、房址和方位的选择

被动式太阳房的位置直接影响太阳房的性能好坏和将来维护管理的难易,这是建造太阳房的关键问题。在冬季,太阳辐射能量的 90% 集中在上午 9 时至下午 3 时这段时间内。因此,在选择太阳房的位置时应注意到周围的环境,在这周围不应有大树、高层建筑物遮挡阳光,否则将严重影响太阳房的采暖效果。太阳房的最佳方位,往往认为是正南,这样在冬季可以获取大量的太阳辐射能,这是不对的。太阳房的方位要根据它的使用功能来确定,不同的使用功能,就有不同的方位(朝向)。通过实践证明,小学太阳能教室每天上午 9 时至下午 3 时为正常授课时间,放学后人走屋空,在其余 15 小时教室内温度可高可低,温度波动大些也不会影响正常使用功能。然而,我们注意到太阳房的室内温度白天因得热升温偏高,夜间因失热而降温偏低。被动式太阳房教室的这个温度梯度变化规律正好与农村、牧区中小学的间歇使用功能相吻合。所以说太阳能教室的正确方位应是偏东 5°～8°,这样在冬季可早些获得太阳辐射能,提前使房屋温度升高,同时又避免了夏季西晒。

二、结构的选择及做法

被动式太阳能教室采用的是一字形南面开敞,东、南、北面封闭的南向、南窗、南入口"三南式"的设计手法。

(一)保温墙做法

主体采用的是 500 毫米厚空心复合保温墙,其做法是:①120 毫米厚砖墙,1∶1 水泥砂浆勾缝。②140 毫米厚散状珍珠岩保温层。③240 毫米厚实心砖墙。④20 毫米厚 1∶2 水泥砂浆面层。⑤喷大白两道。

(二)地面做法

具体包括:①干铺 60 毫米红砖。②30 毫米厚中砂垫层。③满铺塑料薄膜一层。④30 毫米厚中砂。⑤60 毫米厚炉渣层。⑥素土夯实。

(三)屋面做法

具体包括:①40 毫米厚草泥挂瓦。②80 毫米钙化麦秸。③40 毫米草纸。④房芭一层。⑤檩条。⑥空气层。⑦200 毫米珍珠岩保温层。⑧塑料隔热层。⑨20 毫米×40 毫米木楞间距 200 毫米。⑩葵花秆。⑪水泥砂浆找平层。⑫喷大白两道。

(四)封闭式后廊

封闭式后廊,在公共建筑中较为普遍采用。为扩大采光,经常在北墙开窗,而北窗冬春季节冷风渗透极强,从而导致室内热能损失过大,严重地影响了南向主要房间的室温。目前农村、牧区中小学教室的建筑形式多为南入口,南北对应窗。

从节能角度分析,高寒地区冬春季节北窗在昼夜 24 小时均处于绝对失热状态,因此,必须严格控制其数量和面积。被动式太阳能教室首次使用封闭式后廊,东、西、北墙厚实无窗,保温性能良好,每个教室纵间内隔墙设有 1 200 毫米固定式单玻璃高窗一扇与亮子窗一并为后廊采光,效果很好,为了满足室内通风要求,在每间教室南北隔墙上设有可调式通风孔。外门安排在南侧居中,另设有两道门形成凹门斗,利用室内外这一过渡空间,减少了冷空气的侵入。

三、太阳能采暖装置的设计

被动式太阳能中小学教室采用的是直接受益加空气集热器的组合形式。为了吸收光能,首先在窗间墙上设集热器。为了充分利用窗下墙吸收光能,将窗下墙做成与本地区纬度夹角相符的落地式砖砌空气集热器。为了提高集热、蓄热性能,特将集热墙面做成砖砌花格式矿石热层,具体做法是:①3 毫米玻璃层。②30 毫米空气层。③3 毫米玻璃层。④满涂无光黑漆 2 道。⑤30 毫米水泥喷漆瓦楞面。⑥200 毫米水泥砂浆找平层。⑦120 毫米厚矿石热层(平面)。⑧为加速热空气在室内的流动,在集热墙上下设有风口(图 9-1,图 9-2)。

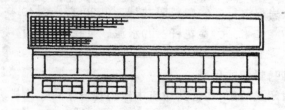

图 9-1　太阳能教室示意图

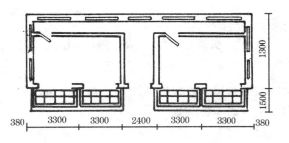

图 9-2　太阳能教室结构尺寸　（单位：毫米）

四、发展前景

　　被动式太阳能中小学教室以显著的节能效益、经济效益、生态环境效益,得到了广大用户的交口称赞,被动式太阳能中小学教室以独特的造型,冬暖夏凉的特点,宽敞明亮,干净卫生的舒适条件唤起全社会对新能源的认识,提高了节能意识,造福子孙后代。

第十章　太　阳　灶

太阳灶是利用太阳辐射能通过炊具转换为热能以用来烹饪食物或烧水的一种装置。

太阳能用之不尽,取之不竭,又没有污染。但是太阳能的能量密度较小,受气候条件影响比较大。所以要想使其能完成炊事作业的要求,还必须采取一些措施才可以获得较高的温度。目前常用的有两种类型的太阳灶:一是箱式太阳灶,二是聚光式太阳灶。这里重点介绍聚光式太阳灶。

为了更好的理解聚光式太阳灶的工作原理,首先要了解有关的基本知识。

第一节　基本知识

一、光的直线传播定律

光在一种均匀的介质中是沿着直线向外传播的。这在日常生活中到处可以找到例子。如在很黑的夜里看到汽车的前大灯照射前边路面是一个笔直的光束,这一光束是不能自己转弯的。又如画太阳时总要画出一些放射状的短线,表示光线是以直线向外传播(图 10-1)。

二、光的反射定律

光在两种介质的分界面上有反射回原介质的性质。如图 10-2 所示,有一玻璃板,其与空气的接触面即为两种介质的

太阳光

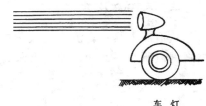

车 灯

图 10-1 光 束 图

分界面,当有一光线照在分界面上时,此光线就一定要反射回原介质(空气)中。

照在分界面上的光线称为入射光线。入射光线与反射面的交点叫反射点。过反射点垂直于反射面的直线叫法线。入射光线与法线的夹角叫入射角。反射光线与法线的夹角叫反射角。在光的反射过程中,入射角与反射角始终是相等的。当两种介质的分界面(即反射面)是曲面时仍然符合这一规律(图 10-2)。

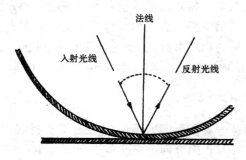

图 10-2 反射曲面图

此时法线是垂直于过反射点的曲面的切线的直线。仍然有入射角与反射角相等的规律。

三、太阳高度角

从地面上某一观测点向太阳的中心做 1 条射线,该射线与观测点所在平面的夹角叫太阳高度角(图 10-3)。

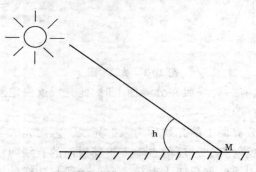

图 10-3　太阳高度角

在地面观测点为 M,则角 h 即为此时此刻此观测点的太阳高度角。由于地球绕太阳公转的同时还在不停地自转,所以地球上任意一点相对太阳的位置都在每时每刻地变化。太阳高度角就是用来表示太阳相对地球上某一观测点在不同时刻的相对位置的物理参数,其变化范围由 0°到 90°,即是上午时刻;而到下午至晚上,太阳高度角由 90°变到 0°。

四、太阳方位角

从地面某一观测点向太阳的中心做 1 条射线,该射线在地面上的投影与正南方向的夹角叫太阳方位角(图 10-4)。

如观测点 M 做射线 MO,在地面投影 MP 与正南方向的夹角 γ 即是此时此刻太阳相对地球观测点 M 的方位角。此角也是表示太阳相对地球某一观测点相对位置的物理参数,

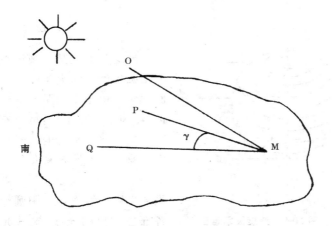

图 10-4　太阳方位角

其变化范围由 0°到 180°,规定由南向西为正,由南向东为负。由南向西方位角由 0°到 180°,由南向东方位角由 0°到 −180°,总共为 360°。

太阳高度角和太阳方位角是确定太阳相对地球某一观测点的相对位置的两点重要参数,即两个参数一定,太阳相对地球位置就一定了。

五、地理纬度

用一系列垂直于地轴的平面与地球相截,其截交线为一系列直径不等的圆。其中最大直径的圆叫赤道。其他圆称为纬度圆。由赤道向北的纬度圆叫做北纬线。地球最北端叫北极,由赤道到北极共分 90°。同样由赤道向南极也分 90°。在地面观测点的位置在哪一个纬度线上,其纬度的读数就是这一读数的地球纬度。如长春市是北纬 43°52′,吉林市是北纬 43°52′,四平市是北纬 43°41′。纬度圆示意图见图 10-5。

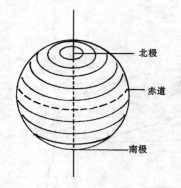

地球表面上某一观测点看太阳圆轮的平面夹角叫太阳平面视角。由于太阳距地球非常远,约为 139 万千米,可以看成太阳的光线是平行的照射到地面上来,但是严格说太阳光线不是平行的。地球上某一点接受的太阳光线都是太阳圆轮上各部位发出的光线,这些光线

图 10-5 纬度圆示意图

之间有一定的夹角,其中最大角为 32′(1/107 弧度),这个角是非常小的。

第二节 抛物曲面

聚光式太阳灶是将收集到的太阳辐射能聚光到一个辐射强度很高的小面积上,形成高温来加热炊具,完成炊事作业。

一、抛物曲线

(一)抛物线定义

抛物线就是以任意方向将物体抛向空中(斜抛)物体在其本身重力影响下在空间的运动轨迹。

抛物线定义为到定点与定直线距离相等的点的运动轨迹(图 10-6)。

可以根据定义取坐标 x,y 轴,定点 F 定直线(准线)距 O 点距离相等都等于 f。根据数学关系可以知道:

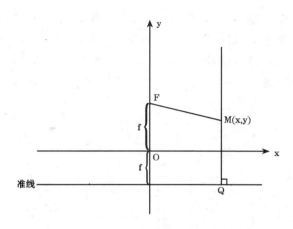

图 10-6 定点到定点直线轨迹图

$$\because FM^2 = (2f - F - y)^2 + x^2$$

$$|FM| = \sqrt{(F - y)^2 + x^2}$$

$$\because QM^2 = (f + y)^2$$

$$|QM| = \sqrt{(f + y)^2}$$

根据定义：FM＝QM

$$\sqrt{(f - y)^2 + x^2} = \sqrt{(f + y)^2}$$

$$(f - y)^2 + x^2 = (f + y)^2$$

$$f^2 - 2fy + x^2 + y^2 = f^2 + 2fy + y^2$$

$$x^2 = 4fy$$

按此关系式就可以得到不同 f 值的抛物曲线。f 值叫做抛物线的焦距，即抛物线顶点到焦点 F 的距离。x，y 是两个变量。

根据这个关系式就可以容易地画出抛物曲线来。

(二)抛物线的制取

根据抛物线方程可以知道应当首先确定焦距。根据吉林省的地理纬度较高,日照强度又偏低,所以可以确定 f＝800 毫米较为适宜,这样根据 x 值的变化可以求出 y 值。在坐标纸上可以画出抛物曲线来(图 10-7)。确定焦距值可参见表 10-1。

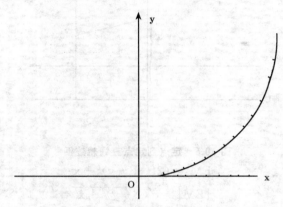

图 10-7　坐标纸上画出的抛物曲线图

$$x^2 = 4Fy$$

$$y = \frac{x^2}{4f} = \frac{x^2}{3200}$$

表 10-1　抛物线焦距值

x	y	x	y
10	0.3125	1000	312.5
20	0.125	1200	450
60	1.125	1400	6121.5
80	2	1500	703.125
100	3.125	1550	750.781
150	7.031	1600	800

x	y	x	y
200	12.5	1650	850.78
300	28.125	1700	903.125
400	50	1750	957
600	112.5	1800	1012.5
800	200		

(三)抛物线曲线的性质

过抛物曲线上任意一点 M 做平行于对称轴的直线 MS，MS 与 MF 所成的夹角 SMF 的平分线 Mn 垂直于过 M 点的抛物曲线的切线 Mt(图 10-8)。

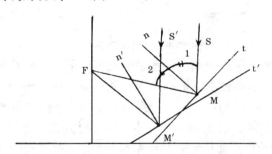

图 10-8　抛物曲线点角切线图

因为 Mn 是角的平分线,所以∠1＝∠2 这个性质非常可贵。如果太阳光沿着 SM 直线方向平行于抛物曲线对称轴照射在 M 点上,则根据光的反射在焦点上。由于这 M 点是任意选的,所以凡是平行于对称轴的光线照在抛物曲面上反射后都能汇焦到一点上(如 S′),这一点的温度一定会非常高的,如果设法将灶具放在这一焦点上就可放心做炊事作业了。

这个抛物线面积有限,如果能做出一个抛物曲面,其反射光线的面积就大了。

二、抛物曲面的应用与要求

将抛物曲线绕其对称轴旋转 1 周所形成的曲面叫抛物曲面(图 10-9)。

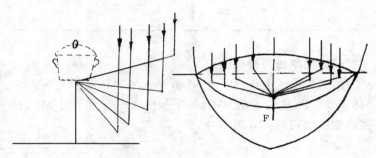

图 10-9 抛物曲面图

凡是平行于抛物曲面对称轴的光线反射后都能汇聚到焦点上。在抛物曲面上截取一块面积就可以用做太阳灶灶面。

这里可以看到:①截取的抛物曲面面积越大,聚光后温度越高。②抛物曲面制作得越精确,反射光线聚焦得越好。③抛物曲面的表面上要涂上反光材料,当反光材料的反射系数越高,反光聚得效果应当越好。

我们应当在满足使用要求的前提下,尽量使有效抛物曲面取得小一些,可以减轻重量、节约材料、降低成本。

太阳灶应当根据以下要求来设计。

(一)炊事作业的要求

1. 米饭 要求温度为 100℃ 的沸水温度就可,当温度达到 120℃ 就会产生粘锅,当温度达到 170℃ 就烧焦了。

2. 蔬菜、土豆、肉类 温度在 100℃～110℃温度就可以做熟,温度在 140℃时间可缩短,爆炒温度在 160℃～170℃就可以满足要求。

3. 油炸类 炸鱼、炸肉、炸食品油温在 300℃以上就可以。

4. 烘烤类 烙食、烘烤食物温度在 250℃以上就可以。

5. 蒸食类 蒸食要求 100℃以上保持沸水就可以了。

目前液化石油气、炉火、煤气火、柴油炉的温度通常在 500℃～800℃。

根据上面分析,太阳灶聚焦后焦团的温度,若满足 400℃～700℃,就可以完全满足炊事作业的要求。

(二)人体工程学的要求

太阳灶若推广使用,最常用的操作者还是中老年妇女,她们在使用操作中应当方便,不然操作不方便很不容易被群众接受(图 10-10)。

亚洲地区中老年妇女平均高度 158～160 厘米,比较适宜的操作高度为 125 厘米,操作距离为 75 厘米,在设计太阳灶时必须将此要求考虑在内。

(三)轻便灵活

要求太阳灶重量要轻,调整操纵要灵活可靠,运输要方便。

三、反射光汇集角的选择

理想反射曲面能将反射光线汇集到一点上或是一个较小的面积上。由前面分析太阳灶的温度并不是越高越好,在满足使用要求的前提下,选取一部分抛物曲面就可以了(图 10-11)。

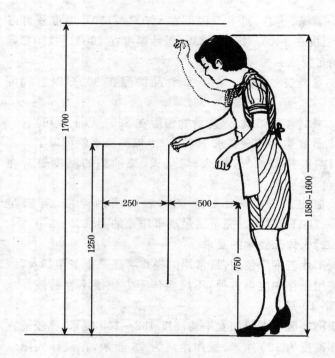

图 10-10 中老年妇女操作图 （单位：毫米）

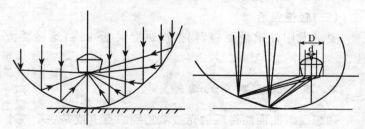

图 10-11 最佳曲面图

锅底平面正好在焦点平面上，当平行于对称轴的光线必然反射到锅底上才会进行聚焦完成炊事作业。而反射光线照射在锅帮或锅盖上效益都不大,所以就不应当选用这部分曲面,这样有选择余地的曲面就是过锅底平面下面的曲面,其他部分都可以不考虑了。

在锅底平面以下的曲面在反射光线时是否效益相同呢?有两束光线照在抛物曲面的不同位置上,其反射光汇集到锅底平面后被截获的截面直径为 D 和 d,很显然 D>d。当然焦团面积越小辐射能量密度越大、温度越高,说明在抛物曲面截取的曲面面积越靠近顶点(对称轴与抛物曲面的交点)其反射光的效益越好。但是根据炊事作业的要求,焦斑面积太小,局部温度过高反而不行,这样会使煮饭夹生。应当是焦斑面积接近锅底面积,根据试验,对 4~5 口人之家,焦斑面积为大于100 平方厘米为宜(温度在 400℃ 以上)。为了便于计算,规定以锅底平面中心为准,取 180°锥角范围为有效最大汇集角对应的曲面称为有效反射曲面。根据分析,180°锥角对应曲面边缘部分反射光线与锅底接近,平行效益较小。试验表明,取135°锥角范围对应的曲面效益较佳,称为较佳最大汇集角。对应曲面面积称为较佳反射曲面(图 10-12)。

这两个最大汇集角对应的抛物曲面,随着太阳高度角的变化而变化。

四、有效反射曲面的分析

根据前面的分析可以知道,有这样几个条件是不变的:

(一)平 行

锅底平面不论怎样变化其必须通过抛物曲面的焦点而且与地面是平行的。

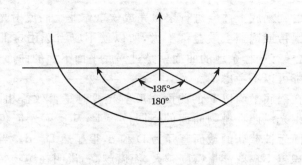

图 10-12 较佳反射曲面图

(二)垂 直

锅的中心线应始终与地面垂直。

(三)不 变

有效最大汇集角和较佳最大汇集角的度数是不变的。

当太阳高度角也即是太阳光线的位置变化与有效最大汇集角较佳,最大汇集角相对应的抛物曲面的面积在抛物曲面上的位置也要随着变化。将太阳高度角为 90°和太阳高度角为 25°时相对应的有效最大汇集角和较佳最大汇集角对应的曲面画在同一张图上(图 10-13)。

太阳高度角 90°,与 25°时的位置都假设不变,改变灶面位置,90°对应灶面位置是 G_1G_1,地理位置是 D_1D_1。太阳高度角是 25°时,灶面位置为 G_2G_2,地面位置为 D_2D_2。相交的交线角 e、h、k、Q,将其投影在 1 张图上(图 10-14)。

太阳高度角 90°时,对应一般最大汇集角的曲面 $F_{180°}$ 为 1 个圆环。较佳最大汇集角对应曲面为 $F_{135°}$ 是 1 个圆形。太阳高度角 25°时,相对应的一般最大汇集角对应的曲面 $F'_{180°}$,较佳最大汇集角对应曲面为 $F'_{135°}$ 为椭圆形。这四个曲面相交。被地面切割的曲面为 F_d。

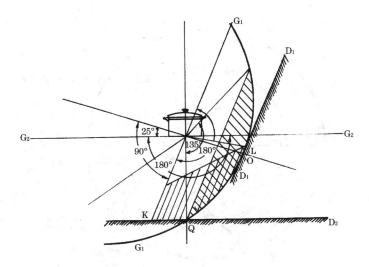

图 10-13　最大和最佳汇角曲面图

五、对各曲面的分析

(一)较佳面积

LeQeL 曲面,在太阳高度角由 90°变到 25°时,始终是处于 135°汇集角的范围内,应是"较佳面积",这部分做灶面聚光性能最好,是选在灶面上的最理想面积(图 10-15)。

(二)变增较佳面积

ehkQkheQe 曲面,太阳高度角由 90°变到 25°,这块曲面由"一般面积"变成了"较佳面积",这块面积在太阳高度角为 25°时变成较佳面积,可以弥补太阳高度角低太最辐射强度低的缺点。这块面积叫做"变增较佳面积"(图 10-16)。

(三)变减较佳面积

aceLeca 曲面,太阳高度角由 90°变到 25°时,由较佳面积

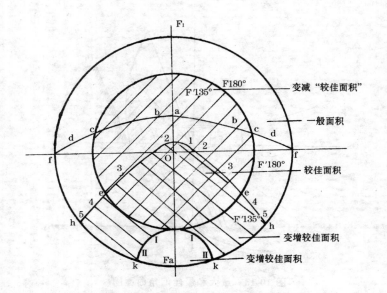

图 10-14　相交交线投影图

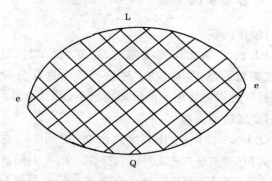

图 10-15　较佳面积图

变成了一般面积故称之为变减较佳面积(图 10-17)。

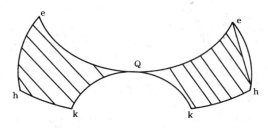

图 10-16　变增较佳面积图

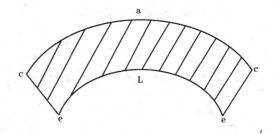

图 10-17　变减较佳面积图

(四)一般面积

cfhe、efhe 曲面,太阳高度角由 90°到 25°变化时,始终处于"一般面积"(图 10-18)。

(五)注意选择

QKF$_2$KQ 曲面,太阳高度角变化时,由一般面积变成了较佳面积故称为"变增较佳面积"。但是这部分面积要选用的话,会使灶面高度方向尺寸加大,造成太阳灶操纵高度太高不利于操作者工作。所以这部分的选用应当适当考虑。

六、五种灶面

(一)B 型灶面

面积为 S=1.61 平方米,功率为 W=890 瓦,这块最佳面

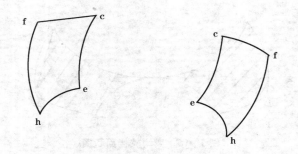

图 10-18　一般面积图

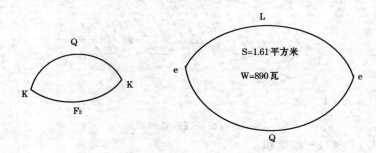

图 10-19　B 型灶面图

积不论太阳高度角怎样变化，一年四季都能用(图 10-19)。

(二)A 型灶面

太阳高度角较低时增加了两块变增较佳面积,可以弥补太阳高度角低辐射强度低的问题。面积为 S＝2.65 平方米,功率为 W＝1 400 瓦(图 10-20)。

(三)C 型灶面

该灶面可以得到面积 S＝2.48 平方米,功率为 W＝1 300 瓦(图 10-21)。

(四)H 型灶面

该灶面可以得到面积为 S＝3.3 平方米,功率为 W＝

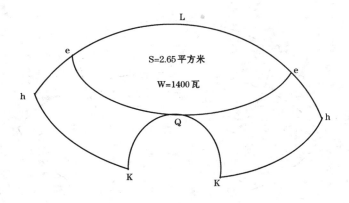

图 10-20　A 型灶面图

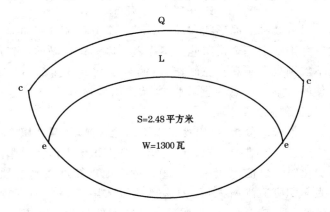

图 10-21　C 型灶面图

1 800瓦(图 10-22)。

(五)E 型灶面

该灶面可以得到面积为 S＝3.9 平方米,功率为 W＝2 200瓦。

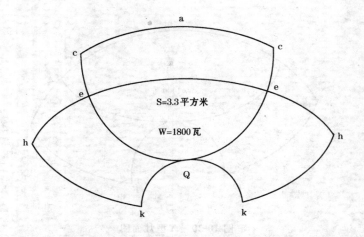

S=3.3平方米

W=1800瓦

图 10-22　H 型灶面图

以上几种灶面形状和尺寸只是一个分析和选用曲面的方法。并不一定完全按照此方案去做。因为这样做的灶壳形状既不规则也不美观。在制作、运输和强度等方面都不一定是最佳的方案。可以根据具体情况选用或做几个方案进行比较,找出理想方案。

根据前面分析,可以得出以下结论:①应尽量选用靠近抛物曲面顶点附进的面积。因为这部分面积聚光性在太阳高度角变化时其性能比较稳定。②为适应地理纬度较高的地区,采光面积应适当增大,因为这类地区太阳光辐射强度较低。当灶面面积较大时,应考虑长度与宽度的比例。既提其抗弯强度又兼顾其操作高度不要过高,边角处都要圆滑过渡。③灶面采光面积(开口面积)是指灶面在垂直于光线平面上的投影面积。切记灶面采光面积不是灶面的曲面面积。这个面积应在 2～3 平方米。④根据抛物线数学方程的分析,抛物线焦距越小,其制约抛物曲面的弯曲程度越严重,在采光面积相同的情况下,焦距大,曲面弯曲得少,接近平面。而焦距小,曲面弯曲严重,其曲面面积必然要大,造成浪费材料,增加重量,提高成本。因为从开口上收集的光线数量是相同的。⑤温度在400℃以上的焦团面积应当大于 100 平方厘米,完全可以满足4~5 口之家的炊事作业需要。⑥太阳灶热效率应在 50%以上。

六、常用两种类型的聚焦形式

(一)正轴聚焦

常见圆形灶面选用太阳高度角 90°时较佳,最大汇集角(135°)范围内的曲面面积。这种灶面对称轴与抛物面对称轴是同轴的叫做正轴聚焦。

这种灶面类型的优点是:太阳高度角不论怎样变化这块面积都始终是较佳面积,尤其当太阳高度角为 90°时,其效果最好。

这种灶面缺点:①太阳高度较低时,其倾斜很大,灶面边缘过高,造成操作困难,如 2 平方米灶面开口直径应为 1.6米,操作高度为 1.45 米,仍不利于操作(图 10-23)。②太阳高度较低、灶面倾斜大以后,有一部反射光线照在锅帮上,效益不大。

(二)偏轴聚焦

抛物曲面的对称轴不通过灶面几何中心,而通过灶面边缘以外。

这种灶面的优点是:①可以使操作高度降低,操纵手柄放在抛物曲面顶点附近,使操作高度降低。②太阳高度角低时,因为选用了变增较佳面积,能弥补辐射强度低的问题,比较适于地理纬度高的地区使用。

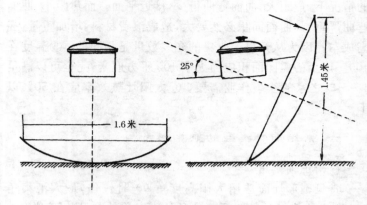

图 10-23 正轴聚焦图

第三节 反光材料

一、要 求

一是反光材料应当对光线的反射系数高。二是重量要轻,降低太阳灶的重量;寿命要长,目前要求能使用 2 年以上。

二、常用的反光材料

目前常用的材料有玻璃镜片和涤纶聚酯真空镀铝膜。

(一)玻璃镜片

有玻璃镀水银镜片和玻璃真空镀铝镜片。应当尽量用 2 毫米厚玻璃镜片,这样既可以降低太阳灶的重量,又可以使光能在玻璃镜片内损失减少。

玻璃镜片为适应太阳灶曲面灶壳的需要应当割成小块贴粘在灶壳上。其尺寸经常用的有 30 毫米×40 毫米,40 毫米

×50 毫米,30 毫米×50 毫米。其尺寸过大造成反射光线汇集不好,焦团面积过大,使温度降低;尺寸过小会造成玻璃片数过多,缝隙面积大,影响热效率。

(二)涤纶聚酯真空镀铝膜

这种材料是我国近几年研制的反光系数高,重量轻,材料很薄,贴在灶面上能适应灶壳曲面,涤纶的强度韧性较好,其背面涂有压敏胶,贴粘非常方便,可使用 2 年,更换也非常方便。

目前,南京龙潭金线金箔厂、上海市电线五厂、无锡市金线金箔厂都有生产。售价为 8 元/平方米。

(三)胶结材料

目前常用有两种:①乳白胶加滑石粉,比例为 1∶1 (1.2)。特别是夏季环境气温较高的地区更为适用。②3 号沥青(较硬脆)加柴油稀释,沥青比柴油一般比例为 1∶0.8 (1)。柴油稀释沥青贴好后,柴油逐渐挥发掉了,沥青粘贴牢固而且不怕雨,在吉林省的气候条件下,夏季环境温度不太高所以很适用。

第四节　支撑及跟踪机构

一、要　求

锅架位置应使锅具处于聚焦点上。

二、保持平衡

锅架支撑机构应能使锅具在太阳灶跟踪太阳的调整过程中始终保持水平位置不至于翻倾。

常用方法很多,较为简便的有 2 种。

(一)重力平衡式

最为简单(图 10-24)。在锅架下装一平衡砣,在其重量作用下,不论怎样调整太阳灶都能保持锅具水平位置。

(二)平行四边形式

如图 10-25 所示。锅支撑机构组成平行四边形 ABCO,BC 是固定的,总保持水平,B 点、A 点、O 点都是活动铰链。当灶面①调整到②位置时,锅具的位置也变化,但是始终保持水平。

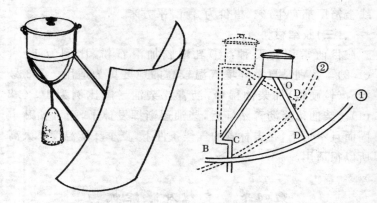

图 10-24　重力平衡式　　　　图 10-25　平行四边形式

(三)灶面跟踪的调整机构

要求:①水平调整跟踪太阳方位角变化。②垂直调整跟踪太阳高度角变化。③调整轻便灵活,锁定可靠。

水平调整用垂直转轴就可以。经常用 6 分铁管然后用垂直轴套上就可以(图 10-26)。

由元钢与 3/4″管装在一起,能相对旋转就可以了。

垂直调整用一尽量接近灶面重心的水平轴与支撑座上的

支撑角铁缺口相配合,以保证垂直方向转动,就可以保证太阳灶跟踪太阳高度角的变化(图 10-27)。

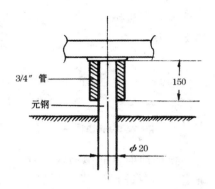

3/4″ 管

元钢

150

φ20

图 10-26　垂直转轴图 (单位:毫米)

在灶壳重心附近的水平轴两端与支撑架缺口相配合,调整垂直方向,跟踪太阳高度角。

灶面重心的位置,可以根据其相近几何图形

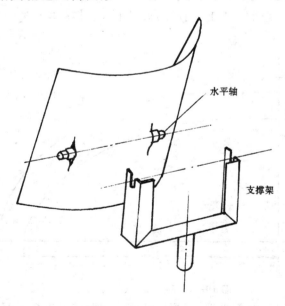

水平轴

支撑架

图 10-27　垂直调整图

求重心的方法确定。如圆形,其重心在圆心上,矩形在对角线的交点上。

第五节　太阳灶制作技术

一、胎模的制作

根据前面讲的抛物线方程及 x,y 值计算方法(可以根据确定的焦距进行计算),列出计算表格。为使抛物线圆滑准确,x 值间隔不要太大,一般在 5 毫米左右为宜。

根据计算值可以在坐标纸上画出曲线来,再将曲线刻印在 5～10 毫米铁板上,制成刮板以用来制作胎模(图 10-28)。

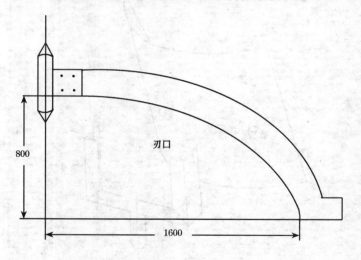

800

刃口

1600

图 10-28　刮　板　(单位:毫米)

要求刃口要光滑,根据做灶的要求胎模是正模还是半模,若半模可以用三角形支架(图 10-29)。还可以制大半模(图 10-30)。可以做正体模(图 10-31)。

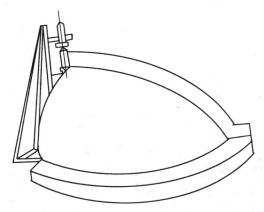

图 10-29　三　角　架

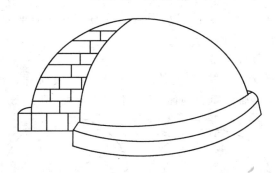

图 10-30　大　半　模

二、水泥模的制作

(一)砌 砖 墙

用砖砌成底座 1 周,两层砖即可。半模要砌一砖墙。

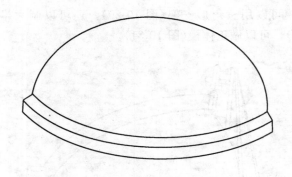

图 10-31 正体模

(二)做支撑点

在中心处打进地下一木桩子作为刮板的 F 支撑点(若半模有三角架即可)。

(三)立支架

立好支架以不影响刮板运动为宜。刮板对面要装一配重,使刮板紧靠胎模。

(四)保证重合

调整支架位置,保证旋转轴线与抛物线对称轴线重合。要保证旋转轴线垂直地面,防止不重合现象(图 10-32)。

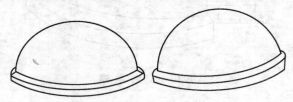

图 10-32 抛物线与旋转轴线不重合

(五)造 型

先用土堆成初型,踩实用刮板刮一下成初形。

(六)抹　灰

刮板升高 50 毫米,抹混凝土。灰∶砂∶石为 1∶2∶3。待稍凝后,可以抹第二层。刮板升高 3 毫米抹砂灰浆,灰∶砂为 1∶3。升高 1 毫米抹无灰砂浆。要求表面要光滑,没有任何孔、凹坑。

(七)封孔处理

刷泡立水。泡立水配制,漆片∶酒精∶丙酮为 1∶1∶1。混合后放 6～8 小时,无沉淀物即可使用,刷完一遍待不粘手后再刷第二遍、第三遍,干后即可。

三、水泥灶壳的制作

(一)编织铁丝网

根据确定的灶面尺寸用 ∅1.5 毫米的铁丝,∅4～5 毫米的钢筋骨架,用绑丝固定,并且绑成 5～10 毫米的方网格。锅架支撑机构、水平调节轴等必须固定在灶壳的铁丝网上。铁丝网必须在胎模上编织,使其形状与胎模吻合(图 10-33)。

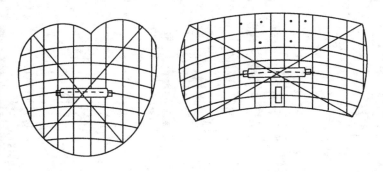

图 10-33　铁丝网图

（二）模具涂脱模剂

用废机油、废黄油、石蜡或塑料薄膜都可以。

（三）确定边界

沿灶壳尺寸边框放置厚度为 30 毫米木边框或小角铁边框，用来确定灶壳边界。

（四）抹灰养护

先抹 2～3 毫米厚无砂灰浆，然后抹 8 毫米砂灰浆，放好铁丝网。抹 6 毫米砂浆（1∶2.5～3）及 2～3 毫米的无砂灰浆，反复几次，使总厚度为 30 毫米。适当凝固后就可以进行正常水泥砂浆的养护。养护后，可以贴镜片装其他机构，即成太阳灶。

第四编　风能的开发与利用

第十一章　风和风能

第一节　概　述

一、开发利用风能的重要性

(一)缓解能源危机

开发利用风能是为了缓解能源危机的需要。

(二)资源丰富

风能资源是一种潜力巨大的能量资源。据估计,地球上近地层大气总能量可达 1.3×10^9 兆瓦,可利用风能有 $10^6 \sim 10^7$ 兆瓦。

(三)效益明显

风能对解决边远地区的农、林、牧、渔民生活用电的迫切要求具有实际意义和经济价值。

(四)清洁能源

风能是可以再生的取之不尽、用之不竭的清洁能源,是免费的,不存在燃料的运输和废渣处理,没有污染。

二、风能利用的基本途径

风能利用就是把空气流动时所具有的动能,通过一系列装置转换成其他形式的能量,为人类的生产、生活服务。其利用的基本途径有风帆助航、风力发电、风力提水、农副产品加工和热转换。

第二节 风的一般知识

一、风及风产生的原因

(一)风

空气时刻都处于运动状态,它在水平方向上的运动,称之为风。

(二)风产生的原因

风产生的原因主要是由于地面温度分布不均而引起气压分布不均,从而使空气流动而形成的。空气由气压高的地区流向气压低的地区。温度低的冷空气沿水平方向流向温度高的暖空气的运动叫冷平流;反之温度高的暖空气沿水平方向流向温度低的冷空气的运动称为暖平流。风向的改变对未来的天气有一定的预兆。

二、我国的季风气候

我国属于大陆季风气候,夏天多东南风,而冬季多西北风。这是由于海洋比陆地上增温和降温都要缓慢的缘故。夏天海洋上温度升高缓慢,且比较凉爽。陆地温度升高得快,地面的空气受热上升,这样陆地上的气压就比海洋上面的气压低,海洋上的空气就向陆地流过来,把太平洋上温暖潮湿的空气吹送到大陆。因为它是从东南方向流来,所以也叫东南季风。冬季陆地比海洋冷得快,陆地上的空气气压比海洋上的气压高,于是陆地上的冷空气就流向海洋,这就是我国的冬季风。由于它是从偏西北流向海洋,所以也叫做西北季风。

三、风力等级

风力的大小,通常用风力等级来表示,等级越大,风力越大,根据风力等级判断风力的大小。风力等级是根据不同的风速对地面物体的不同的影响而引起的各种征象,将风力的大小分为 13 个不同等级(0～12),详见表 11-1。

表 11-1　风力等级

风的名称	风力(级)	空气流动速度		地面物的征象
		米/秒	千米/小时	
无 风	0	0.2	小于1	烟直上
软 风	1	0.3～1.5	1～5	烟能表示风向
轻 风	2	1.6～3.3	6～11	人面感觉有风,树叶有轻响
微 风	3	3.4～5.4	12～19	树叶及微枝摇动不息,旌旗展开
和 风	4	5.5～7.9	20～28	能吹起地面尘土、纸张,树的小枝摇动
清劲风	5	8～10.7	29～38	有叶的小枝摇摆,内陆水面有小波
强 风	6	10.8～13.8	39～49	大树枝摇动,电线呼呼有声,举步困难
疾 风	7	13.9～17.1	50～61	全树摇动,迎风步行不便
大 风	8	17.2～20.7	62～74	可折断树枝,人行阻力很大
烈 风	9	20.8～24.4	75～88	烟囱顶部、平房顶瓦可被吹动,小瓦遭破坏

风的 名称	风力 (级)	空气流动速度		地面物的征象
		米/秒	千米/小时	
狂　风	10	24.5～28.4	89～102	可使树木拔起或将建筑物损毁
暴　风	11	28.5～32.6	103～117	陆地较少,能造成重大损失
飓　风	12	大于 32.6	大于 117	陆地很少,其摧毁力极大

四、风向、风速的观测

风是一个向量,所以,风的观测包括风向和风速两项。风向是指风吹来的方向,用 16 个方位来表示(图 11-1),风向的缩写符号见表 11-2。风向、风速的观测是用仪器来进行的,也可采取目测。

表 11-2　风向的缩写符号

风　向	符　号	风　向	符　号	风　向	符　号
北东北	NNE	东　南	SE	西西南	WSW
东　北	NE	南东南	SSE	西	W
东东北	ENE	南	S	西西北	WNW
东	E	南西南	SSW	西　北	NW
东东南	ESE	西　南	SW	北西北	NNW
北	N	静风	C		

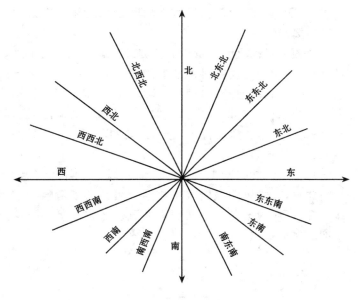

图 11-1　风 向 图

五、风的特性指标

(一)风　速

风速是表示空气在单位时间内所通过的距离,以米/秒为单位。风速是用风速计测量。通常用瞬时风速与平均风速来描述。

1. 瞬时风速　是指在很短的时间间隔内(1 秒或几秒)的风速。它是表示发生作用的风速,故也称有效风速。

2. 平均风速　是指长段时间间隔内(1 小时或数小时、1日、1 月以至 1 年)各瞬时风速的算术平均值。

即:$\overline{V} = \sum\limits_{i=1}^{n} \dfrac{V_i}{n}$(米/秒)

式中：V_i 为瞬时风速；$\overline{V}$ 为平均风速；n 为测量次数。

(二)风速频率

风速频率又称风的重量性。它是指某地 1 年(或 1 月之内)风以某一相同速度吹过的总时数占 1 年(或 1 日)中日历时数的百分比。风速频率是勘测风力资源和确定风力利用装置全年可能工作时数的基本数据之一。显然，某地区风速频率越大，说明该地区风速比较稳定，风能的利用条件比较好。

(三)风能玫瑰图

任一地区可能吹刮来自各个方向的风，但不同方向的吹刮时间并不相同，风的强弱也不相同。因此为了清晰地表示风能资源，还应根据各个方向测得的风速频率和平均风速绘制所谓的风能玫瑰图(图 11-2)。

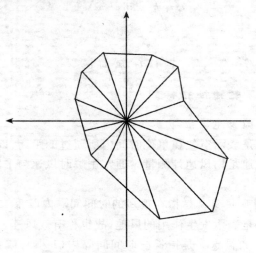

图 11-2　风能玫瑰图

图中各射线的长度分别表示某一方向上风速频率与平均

风速立方值和乘积。根据风能玫瑰图即可看出哪个方向上的风具有能量资源优势。

第三节　计算及区划

一、风能的计算

根据流体力学,气流的动能为 $W = mV^2$

式中:m—气流质量(千克);

   V—气流的速度(米/秒)。

单位时间内气流以速度 V 垂直流过截面积为 F 的气体体积为:

$V_v = VFC$(立方米/秒),即流过的空气质量为:

$$m = V_v p = FV_p(千克/秒)$$

式中:p—空气密度(千克/立方米),此时气流所具有的动能为:

$$W = \frac{1}{2}mV^2 = \frac{1}{2}pVFV = \frac{1}{2}pFV^3(瓦)$$

此式即为通常所用的风能公式。从式中可见,风能大小与气流通过的面积呈正比,与空气密度呈正比,与气流速度的立方呈正比。因此在风能计算中,风速取值的准确性和空气密度的确定对风能潜力的估算,有决定影响。

二、风能密度及计算

(一)风能密度

风能密度是指气流垂直通过单位截面积上的能量。即取 F=1,便得到风能密度计算公式:

$$W = \frac{1}{2}pV^3 （瓦/平方米）$$

（二）风能密度的计算

上式只表示某地某一时刻的风能密度，而它不能准确地表征某地风能潜力的大小，要表征某地风能潜力，必须求该地区年平均风能密度。年平均风能密度可用直接计算法计算。直接计算法可以从气象站风速自记资料中计算。从风速自记资料中统计各级风速下（0、1、2、3……米/秒）的全年累积小时数（N_0、N_1、N_2、N_3……N_i），由 $W = \frac{1}{2}pV^3$ 计算出该地各级风速下的风能密度。然后计算各级风速、风能密度的和（$\Sigma \frac{1}{2} N_1 pN_i^3$），再将各等级风能密度之和除以总时数，即得到某一地的年平均风能密度。

年有效风能密度的计算与平均风能密度的计算方法一样，所不同的是各风速等级取值范围在有效风速范围之内。总时数亦指有效风速出现的总时数。

三、风能资源利用区划

风能区划的目的，是为了区分各地风能的大小，找出差异，以便充分利用风能资源。

风能利用区划涉及许多因素，其中尤其是风能密度的大小和可利用风能小时数，风能的季节分配以及一定时间内重现最大极限风速等。这些因素是风能利用装置设计和风能利用区划必须考虑的。1981 年我国在进行风能区划时，采用三级区划指标。

（一）第一级区划指标

这是指年有效平均风能密度和年有效风力出现的累计小

时数。根据这两个指标和我国风能计算结果,将全国分为四类地区。

1. Ⅰ类区为风能丰富区 年平均有效风能密度大于200瓦/平方米;年有效风力出现的累积小时数大于5 000小时。

2. Ⅱ类区为风能较丰富区 年平均有效风能密度在200～150瓦/平方米;年有效风力出现的累积小时数5 000～4 000小时。

3. Ⅲ类区为过渡区(季节利用区) 年平均有效风能密度在150～50瓦/平方米;年平均有效风力出现的累积小时数为3 000～2 000小时。

4. Ⅳ类区为风能贫乏区 年有效风能密度小于50瓦/平方米;年有效风力出现的小时数小于2 000小时。

(二)第二级区划指标

主要考虑一年四季风能密度和有效风力出现小时数的分别情况,分别以1、2、3、4表示春、夏、秋、冬,按各季的风能大小排列顺序列出最大与次大标号,如春季最大,冬季次之,则以1、4表示风能密度和有效风力出现的季节,以此类推。

(三)第三级区划指标

以当地某一时间长度重现期的最大风速为标准。主要取决于风能利用装置的设计寿命期限,一般取30年一遇的最大风速。将全国分为四级:

35～40米/秒以上称为特强最大设计风速型,折算成风压称为特强压型。

30～35米/秒为强度设计风速型,称为强压型。

25～30米/秒为中等最大设计风速型,称为中压型。

25米/秒以下为弱最大设计风速型,称为弱压型。

第十二章　风力机

第一节　种　类

一、风力机的概念

所谓风力机,就是以风力做能源,并将风力转化为机械能而做功的一种动力机。习惯上也称做风动机、风力发动机或风车。

二、风力机的分类

(一)按功率分类

按功率大小来分,可分为大、中、小 3 类。功率在 1 千瓦以下的称为小型风力机;功率在 1～10 千瓦的称为中型风力机;功率超过 10 千瓦以上的称为大型风力机。有些国家对大、中、小型风力机的划分比上述的分法大 10 倍,即 10 千瓦以下的为小型;10～100 千瓦为中型;大于 100 千瓦的为大型。

(二)按风轮轴的所处位置分类

按风力机风轮轴在空间所处的位置来分,风力机可分为两类。风轮轴平行或接近平行水平面的风力机称为水平轴风力机;风轮轴垂直于水平面的风力机称为垂直轴风力机,也称为竖轴风力机或主轴风力机。

(三)按转数分类

以风力机的风轮处于正常工作状态下的转速为区别标

志,风力机又可分为两类。在一般情况下,风力机风轮的高速性系数大于 3 者,可视为高速风力机;而小于 3 者称为低速风力机。

(四)按叶片数目分类

对于常见的水平轴翼形风力机,按风力机叶片数目的多少来区分。风力机又可分为多叶式风力机和少叶式风力机。

风轮上的叶片数目少于或等于 4 片者,视为少叶式风力机;而叶片数目在 4 片以上者,视为多叶式风力机。一般来说,多叶式属于低速风力机,而少叶式则属于高速风力机。

(五)按风力机的用途分类

用来提供电力的称为风力发电机;以风为动力实现提水作业的称为风力提水机;其他还有风力筛谷机、风力饲料粉碎机、风力铡草机等。

(六)按结构分类

分为翼式风力机、风帆式风力机、风洞式风力机、扩散风增力风力涡轮以及旋风型风力涡轮等。

三、风力机的命名

我国目前对风力机装置的命名尚无规定。在一般情况下,都以下述比较通行的方法进行命名。即把该装置名称的汉语拼音的第一个字母连起来代表类型与用途。如以 FD 代表风力发电机,其中 F 为风的第一个拼音字母,D 为电的第一个拼音字母;再如以 FT 代表风力提水机,F 的含义同上,T 为提的第一个拼音字母。

对于风力机的型号和系列,则以风机风轮直径大小(一般均以米为单位)来表示。由上可知,FD-2 型装置,就是风轮直径为 2 米的风力发电机,FD-4 即指风轮直径为 4 米的风力发电机,而风轮直径为 6 米的风力提水机,就可简称为 FT-6,依此类推。

第二节　结构与功能

从结构功能来看,可以把风力机分为六部分,即风轮、传动装置、做功装置、贮能装置、辅助装置和塔架。

一、风　轮

风轮是集风装置,它的作用是捕捉与吸收风能并将其转化为机械能。风轮由叶片、叶柄、轮毂及风轮轴组成。叶片是承受风力的主要部件,风力作用在叶片上,而使风轮旋转。

二、传动装置

传动装置可改变风轮轴的转动方向;连接风轮和做功装置;改变风力机的转数,以满足做功装置不同转数和扭矩的要求。所以传动装置是不可缺少的。

三、做功装置

风轮所获得的机械能,是为了来驱动各种工作机按既定的意图做功。将相应的工作机,如发电机、提水机等称为风力机的做功装置。各种做功装置都有各自的型号、结构与工作原理。

四、贮能装置

风力机与其他动力机比较,有其自身的局限性。风力机受自然界风力的大小、时有时无的制约,很难满足持续不断地工作。为了在一定程度上弥补其缺陷,有必要把有风和大风捕捉能量的一部分贮存起来,以备无风和风小时耗用。将这种完成贮能的部件或设备、设施叫做贮能装置。如与风力发电机配用的蓄电池就是一种贮能装置。与风力提水机配用的蓄水池也是一种贮能装置。

五、辅助装置

为了使风力机在良好的环境条件下工作,并尽可能达到最佳状态,而又安全可靠地工作,风力机还设置一些辅助装置,如调向器、调速器和停车制动器等。

调向器能使风力机的风轮随时都迎着风向以最大限度地获得风能。

调速器或限速器是使风轮转速在风速发生变化的情况下,能维持在一个较为稳定的范围内,或限制风轮转速不超过某一个定值。

停车制动器是在风速超过设计风速和调速机构失灵及需要停机的情况下采用的一种强制手段。

六、塔　架

塔架是支撑风力机各部结构的架子,它把风力机架设在不受周围障碍物(如房屋、树木、山丘等)影响的高空中。塔架的高度必须综合考虑当地风能资源、负荷情况、材料来源等情况,经过分析比较来确定,但塔架的最低高度应使风轮叶片在运转中不能触及地面。

第十三章　风力发电机的使用与维护

第一节　选　择

一、风况调查

风况内容主要包括当地的年、月、日的平均风速、最大风速和风速频率,还有年有效平均风能密度和有效风速年累积小时数。

一般来说,年平均风速在 2～3 米/秒以上的地方,其风力就有一定的利用价值。当然,在实际运用中还应结合其他因素,诸如其他能源状况,风能与其他能源成本的对比来考虑。

二、能源需求量的判断

要安装风力机,必须首先弄清楚需多大的输出功率以及使用多长时间,也就是说需要多少能量。

(一)电负荷的判定

首先,要搞清楚测定电负荷的单位,一个是测定输出功率的单位[瓦(W)和千瓦(kW)]。另一个是测量能量的单位[(瓦·时)和千瓦·时(kW·h)]。电功率用电流和电压的乘积来表示:

$$W = IV$$

而电功则用电功率和时间的乘积来表示:

$$N = W \cdot t = IVt$$

如果蓄电池的能量为 2 400 瓦时,那么该蓄电池能使 120 瓦的灯泡点燃的时间为 20 小时。

考虑以上基本概念,选择安装风力机前应弄清楚:①使用什么样的用电器,它的功率多大(一般电器上都标有功率)。②这个电器的使用情况如何(在每天、每周、每月和每年中大约使用多长时间)。

(二)机械负荷的判定

这里以风力机应用最多的提水作业为机械负荷有代表性的判定例子,对动力的需求量进行判定。提水水泵和贮水槽的平面布置图见图 13-1。

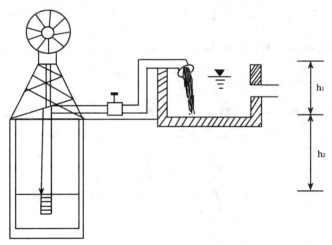

图 13-1　提水水泵和贮水槽平面布置图

采用这种提水装置必须知道井的深度和水槽的高度。由它们的和得到水头(或称扬程)即 $H = h_1 + h_2$。假定是水泵每分钟的提水为 Q(升/分),扬程为 H(米),则提水所必须的动力为：

$$P(\text{千克} \cdot \text{米}/\text{秒}) = \frac{1000QH}{60}$$

$$P(\text{马力}) = \frac{1000QH}{75 \times 60} = 0.22QH$$

(三)风轮直径的确定

设计之前,要根据当地风况资料,确定风的设计风速(额定风速或工作风速),即达到风力机额定功率输出时的风速。

对小型风力机来说,一般将设计风速取年平均风速的1.6倍。事实证明,这种经验取法是可行的。

根据风能计算公式：$W = \frac{1}{2}pFV^3$（瓦）,对风力机而言 F 即为风轮叶片旋转时扭过的面积,即 $F = \frac{D^2}{4}\pi$（D 为风轮叶片直径）,代入上式：$W = \frac{1}{8}p\pi D^2 V^3$（瓦）

如果考虑到机械率,将上式变为：

$$N_{\text{输出}} = N_{\text{输入}} n_{\text{风力机}} = p\pi D^2 V^3 \zeta n_{\text{传动}} n_{\text{工作机}}$$

$$D = \sqrt{\frac{8N_{\text{输出}}}{p\pi V^3 \log n_{\text{传动}} n_{\text{工作机}}}}$$

式中：N—风力机的输出功率,如果是发电机就是发电机的输出功率；

V—设计风速；

ζ—风轮的风能利用系数；

$n_{\text{传动}}$—传动系统的机械效率；

$n_{\text{工作机}}$—工作机的机械效率；

p—空气密度（千克/立方米）。

利用上式计算风轮直径时,ζ、$n_{\text{传动}}$、$n_{\text{工作机}}$怎样确定？

在设计阶段可假定一些留有余地的估计值代入上式,从而计算 D 的大小,在设计上也是允许的。如 $n_{传动}$ 一般可假定为 0.9(90%),$n_{发电机}$ 为 0.6(60%),至于 ζ 值如果风轮取翼式水平轴结构,叶型采用螺旋曲型或螺旋机翼型,在一般制作条件下可假定为 0.3(不宜过高,否则容易落空),这样如果要求发电机输出的功率为 150 瓦,把一些数据代入上式即可算出 D 的大小:

$$D = \sqrt{\frac{8 \times 150}{3.14 \times 1.225 \times 6^3 \times 0.3 \times 0.9 \times 0.6}}$$
$$= 3 \text{ 米}$$

这就是说,客观上在上述一系列假定值能够得到满足的情况下,风轮直径达到 3 米时,才能使发电机在额定风速下,达到 150 瓦的电功率输出。

(四)叶片的角度

叶片迎风面与叶片旋转面的夹角为安装角;相对风向与叶片旋转面的夹角为风向角;叶片迎风面与相对风吹的夹角为攻角。

第二节 安装使用

一、安装地点的选择

风力机应安装在使风能得以充分利用的地方,地势开阔平坦,没有高大的障碍物,能使风力机四面临风;或立于小山包之上,或处于形如走廊,总有疾风劲吹的凹处。

持续的风在前进中,如果遇到障碍物时,其运动就要受到减缓,风力要降低。但是,在实践中,当风越过障碍物经过一段距离之后,它又逐渐恢复起来,风速又可达到原有的大小。从障碍物至风速复原处的距离大约为障碍物的 15 倍。因此,在障碍物附近设置风力机时就要考虑这种情况。在条件允许的情况下,应使风力机尽可能地远离障碍物,以便充分地利用风能。如要使风力机尽可能地远离障碍物又有困难时,如在房舍密集的住宅区架设一台小型风力发电机,附近障碍物又很多,不好躲避,这时就要用加高风机塔架的办法来解决。经验证明,这时风力机的安装高度,应使风轮下缘最少要高出障碍物最高点 2 米。

二、安装前的准备

(一)查验机件

按照风力机装箱单对风力机逐一进行清点验收。

(二)专人指导

成立安装小组,聘请有关技术人员,统一指挥。

(三)阅读说明书

施工前应仔细阅读风力机的《使用说明书》,熟悉图纸,掌握有关尺寸和必要的数据。《使用说明书》和有关安装图纸,是主要的技术文件。《使用说明书》对风机的安装、使用、维护等均有详细说明。

(四)充分准备

准备好安装的器材和必备的物资。

(五)认真检查验收

施工安装要按照《使用说明书》的要求和程序进行,安装完毕要组织验收,经全面检查认为装配与施工都达到指标,才准试行运转和使用。

第三节 维 护

一、风力发电装置总装后的试运转

当风力发电机安装调整完毕并进行总体检查确认无误后,即可开车进行试运转。运转中应注意以下几点:

(一)仔细观察

仔细观察和听风力发电机各部件是否有杂音。

(二)做好测量

测量、观察发电机发电、蓄电池充电各部分用电是否正常。

二、风力发电机日常运转中应注意的事项

(一)加固部件

风力机运转中如发现连接部位螺钉、电器插销等松动必须随时紧固。

(二)观察检查

风力发电机运转中发现不正常的磨擦、碰撞振动时,应立即停机检查。停车时应慢慢向下拉手制动停车手柄,使风轮停止转动,切不可急刹车。

(三)检查调整

风力机塔架的4根钢索拉筋因震动或碰撞容易松动,甚至将固定桩拔出,应经常进行检查。拉索松弛后,可调整松紧器,使之重新张紧。

(四)观察电表方向

本装置有电流指示表,当风速达到向蓄电池充电风速时,

截断用电,电流表的指针应从零位向右偏转,发现异常要立即停机检查。

三、风力发电装置的维护保养

(一)保持完好

经常保持风力机洁净、完整、无损。发现有损坏的零部件,应及时修正和更换。

(二)发电机的检查和保养

1. 保持紧固 在发电机运行时,应经常保持清洁和导线紧固。

2. 注意保养 当发电机运转达到半年左右时,应进行下列检查保养:①用汽油清洗前后盖的滚珠轴承,检查是否过分松动;过分松动时予以修复。轴承装配时应添加新的润滑剂(黄油)。②用蘸有少量汽油保养,用布清洁线圈上油污。③检查线圈各接线头是否有脱焊、折断和不绝缘等现象。④在有条件的地方,可使用万用表进行线圈的绝缘性检查。⑤检查两端盖上的轴承毡圈,圈孔应较轴上接触部分直径小0.5~1毫米。

(三)蓄电池的检查与保养

1. 电解液液面检查 蓄电池在充、放电过程中,要有部分水被蒸发而使液面低落,这就有使极度板暴露于空气中的可能,进而导致容量减低,极度板硫化。因此,必须经常检查电解液液面高度。检查的方法是用探棒插入单格电池内直至与护板接触,观察电解液的高度。一般规定的液面高度应超过护板10~15毫米。当发现若因蒸发而造成的液面降低则应加蒸馏水至规定的高度;若因电解液外漏而下降时,应添加合适浓度的电解液。

2. 蓄电池贮放电程度的检查 用电解液比重计测量,检查电解液的比重可以间接地了解蓄电池贮放电程度。测量方法是把测管插入单格电池中,然后压缩手中橡皮球再放松后便有电解液吸入玻璃管中。此时比重计浮起,它与液面平齐的刻度值即是电解液的比重值,蓄电池贮放电程度与电解液比重和冰点温度关系见表13-1。

表13-1　蓄电池贮放电程度与电解液比重和冰点温度关系

放电程度	充足电		25%		50%		75%		100%	
	比重(15℃)	冰点(℃)	比重(15℃)	冰点(℃)	比重(15℃)	冰点(℃)	比重(15℃)	冰点(℃)	比重(15℃)	冰点(℃)
电解液的比重和冰点	1.31	−66	1.27	−58	1.23	−36	1.19	−22	1.15	−14
	1.29	−70	1.25	−50	1.21	−28	1.17	−18	1.13	−10
	1.28	−69	1.24	−42	1.2	−25	1.16	−116	1.12	−9
	1.27	−58	1.23	−36	1.19	−22	1.15	−14	1.11	−8
	1.25	−50	1.21	−28	1.17	−18	1.13	−10	1.09	−6
	1.24	−42	1.2	−25	1.16	−16	1.12	−19	1.08	−5
充电计指示电压(伏)	1.7~1.8		1.6~1.7		15~1.6		1.4~1.5		1.3~1.4	

也可用负荷放电叉(图13-2)检查电池贮放电程度。负荷放电叉由触针、电阻及电压表等组成,电压表与电阻并联。检查时可将两触针分别抵住蓄电池单格的正负极度接线柱,在5秒钟内保持的电压值可表示该单格电池的贮放电程度。使用负荷放电叉时,每次不超过20秒。没有负荷放电叉时,绝不能用普通电压表或万用表测量,因为仪表只能测得空载

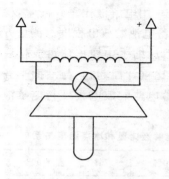

图 13-2　负荷放电叉

时的端电压(开路电压)。而负荷放电叉是利用电池在负荷为 10～15 安情况下测得的输出电压。实践证明,用普通电压表或万用表测得的单格电压,不能说明该电池的贮放电程度。如电池在极严重硫化或损坏的情况下,经过充电后仍能达到约 2 伏的开路电压,若用负荷放电叉测定,将会迅速下降到 1.5～1.4 伏或 1.4～1.3 伏。

3. **电解液的配制**　蓄电池的电解液需由化学纯硫(不是工业用,比重为 1.835)和蒸馏水混合而成稀硫酸溶液。配制的电解液比重应在 1.24～1.3。蓄电池电解液比重和气候温度的关系见表 13-1,比重小的电解液容易冻冰。在配制稀硫酸溶液时,先将蒸馏水倒在一个容器里(不能用金属的)然后慢慢注入浓硫酸,万万不可将水倾入纯硫酸中。否则不但会溅出硫酸浓滴伤人,还有发生爆炸危险。在将浓硫酸徐徐地加入水中时,可用玻璃棒适当搅动,使混合更为均匀,待温度下降至常温后,才可测定电解液的比重。配制电解液时,硫酸和蒸馏水的比例与电解液的比重的关系见表 13-2。

表 13-2　电解液配制成分比例和比重的关系

15℃时的比重	重量(%)		体积(%)	
(克/立方厘米)	蒸馏水	浓硫酸	蒸馏水	浓硫酸
1.240	68.0	32.0	78.4	21.6
1.250	66.8	33.2	77.4	22.6

15℃时的比重	重量（%）		体积（%）	
（克/立方厘米）	蒸馏水	浓硫酸	蒸馏水	浓硫酸
1.260	65.6	34.4	76.4	23.6
1.270	64.4	35.6	75.4	24.6
1.280	63.2	36.8	74.4	25.6
1.290	62.0	38.0	73.4	26.6
1.300	60.9	39.1	72.4	27.6
1.310	59.7	40.3	71.4	28.7

4. 蓄电池的使用与保养　蓄电池若不注意正确使用和保养，会极大地影响它的寿命。使用和保养时，应注意以下几点：①使用蓄电池时，必须弄清楚正负极接线柱，带有"＋"号标志的为正极，带有"－"号标志的为负极。②使用放电池后的最低电压不应低于 1.7 伏（单格电池），已放电差不多的蓄电池，必须在放电后的短时期内给予充电，一般搁置时间不应超过 24 小时，以免极板硫化，造成电池损坏。③防止和避免电池自行跑电，一般采取的措施是电池外表要经常保持清洁干燥，严禁在其上放置金属物品。④不允许用碰火（即短路）的方法来检查电池的贮放电情况，这样做很容易损坏电池。⑤每单格电池的加液盖必须拧紧，通气孔必须畅通，使电池工作时产生的气体从孔中排出。⑥电池在使用过程中，电解液比重的液面高度应定期检查（一般 15～20 天），在正常状况下，比重在 1.24～1.27。

新买来的铅酸蓄电池使用前的第一次充电（初充电）是一项很重要的工作，初充电效果的好坏，对电池以后的能量、寿命都有很大的影响，所以不能不加以注意。初充电可参照以

下程序进行:

第一,按蓄电池使用说明书首先配制合格的电解液(比重一般在1.24~1.285),待电解液冷却到30℃以下再注入电瓶里。过6~8小时后,等电解液温度低于40℃时开始充电。

第二,初充电电流的选择,可大致为该电池10小时放电率的70%。如6-Q-154或6-Q-182蓄电池,前者10小时放电率为15.4安,后者为18.2安;其初充电电流分别为10.8安和12.7安。

第三,初充电分两个阶段进行。第一阶段充到电解液放出气泡,电压上升到2.3~2.4伏,然后将电流减小1/2,继续充电到电解液剧烈地放出气泡(沸腾),比重和电压稳定约为3小时都不变的状态。整个充电过程为60~70小时。第二阶段,经上述步骤充电之后,往往还不到额定容量,还要以10小时放电率放电,放每一格的电压降至1.7伏,然后要以10小时放电率充电。这样反复几次,直到容量不小于额定容量的10小时放电率再充电。直到容量不小于额定容量的90%之后,充足即可使用。

第四,充电后电解液比重,要符合表13-2才可使用。

第五,寒冷地区还应采取保温措施以防止蓄电池冻裂。

(四)风力发电机产生故障的原因及排除方法

1. 风轮转动不灵 见表13-3。

表13-3 风轮转动不灵产生原因及排除方法

产生原因	排除方法
制动带与制动毂磨擦	检查、重新调整
发电机轴弯曲	校正
发电机轴承损坏	更换
风轮与其他部件磨擦	检查排除

2. 风转不平稳 见表 13-4。

表 13-4 风转不平稳产生原因及排除方法

产生原因	排除方法
电机固定螺栓松动	紧固螺栓
发电机轴承过分松动	更换
风轮的桨叶变形失去平衡	校正桨叶
桨叶蒙皮有孔渗进雨水	检查排除
机尾弹簧失效	更换

3. 制动机构失灵 见表 13-5。

表 13-5 制动失灵产生原因及排除方法

产生原因	排除方法
连接脱离或松动	检查排除
制动扭簧失效	更换
制动带过分磨损	更换刹车带

4. 发电机输出电压低甚至不发电 见表 13-6。

表 13-6 电压低或不发电产生原因及排除方法

产生原因	排除方法
电线接头脱落或接触不良	检查排除
定子感应线圈匝间短路	检查排除
定子感应线圈碰铁	检查排除
硅整流管烧损	更换

5. 发电机过热 见表 13-7。

表 13-7 发电机过热产生原因及排除方法

产生原因	排除方法
轴承缺油	更换黄油
定子感应线圈短路	检查排除
定子与铁芯磨擦	修理更换轴承并修圆转子

6. 蓄电池输不进电 见表 13-8。

表 13-8 蓄电池输不进电产生原因及排除方法

产生原因	排除方法
发电机不发电	按上述方法排除
蓄电池极柱卡子接触不良	清洗极柱和卡子,使接触良好
蓄电池故障	检查排除

第十四章　FS-6型风力提水机组设计

该机组设计上采用了高速水平轴风力机与变扭矩旋转式容积泵匹配的设计方案,使风力机与水泵在最大效率下运行的风速不像常规泵只有一个旋转方向,而是从启动到额定在一个区间内,大大改善了风力机与水泵的匹配特性,同时具有结构新颖、整机效率高、工作风速范围宽、运行平稳、安全可靠等特点。功率是常规风力提水机组的2倍以上,经生产试验运行,效果良好。

第一节　主要性能指标确定和技术规格

一、性能指标确定

广大牧民新建的家庭人工草场和农户的耕地,一般每户在13 340平方米。根据灌溉试验,每667平方米年需水量约300立方米,13 340平方米则需水量6 000立方米。此外,考虑到机组应能满足风能资源Ⅲ类地区4~8月份的灌溉需要,确定其额定流量15立方米/小时。牧区供水基本工程是筒井,其中5~20米范围内的筒井约占总数的80%,为使最大限度地满足生产,从而确定最大扬程为20米。

我国北方农牧区大都处于风能资源Ⅱ类地区,年平均风速较高,因此在最大扬程下风力机切入风速为4.5米/秒。同时考虑到机组造价和灌溉需要以及根据原机械工业部标准推荐,FS-6型风力提水机组额定风速8米/秒,工作风速范围

4.5～15 米/秒较为合适。

整机效率高低是评价机组的重要指标。目前国内高扬程风力提水机组整机效率偏低，一般在 5% 左右，但单纯追求高效率，会给设计制作带来困难，同时造价相对提高，所以从综合造价和经济效益以及 FS-6 型机组特点出发，拟定整机效率 ≥10%。

二、技术规格

根据设计原则和技术指标要求，所确定的机组构造形式见图 14-1，主要结构参数和性能参数如下：①风轮直径：6 米。②叶片数目：4 枚。③塔管高度：9 米。④整机传动比：1∶3.8。⑤水泵型式：变扭矩叶片泵。⑥扭矩变化方式：离心式。⑦泵体最大外径：400 毫米。⑧额定风速：8 米/秒。⑨工作风速：4.5～20 米/秒。⑩抗大风能力：40 米/秒。⑪水泵额定转速：500 转/分。⑫扬程范围：10～20 米。⑬流量：10～20 立方米/小时。⑭整机效率：10%。

第二节　风力机参数的确定与计算

根据最大扬程和流量以及整机效率，风轮直径 D 由功率平衡方程式可知：

$$H \cdot Q \cdot 1000/3600 = \frac{1}{2}(\frac{D}{2})^2 \cdot \pi \cdot P \cdot V^3 \cdot n$$

$$D = \sqrt{\frac{H \cdot Q \cdot 1000 \times 8}{\pi \cdot P \cdot V^3 \cdot n \cdot 3600}}$$

$$\sqrt{\frac{20 \times 15 \times 1000 \times 8}{3.14 \times 0.11 \times 8^3 \times 0.1 \times 3600}} = 6.14(米)$$

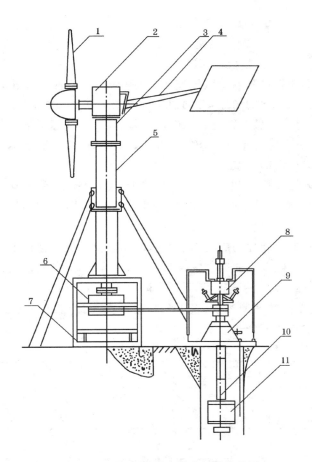

图 14-1　FS-6 型风力提水机结构简图

1. 风轮　2. 变速箱　3. 回转体　4. 尾翼　5. 塔架　6. 传动器　7. 底座
8. 扭矩调节器　9. 泵头　10. 泵管　11. 水泵

则取风轮直径 D=6 米。

式中：H—扬程（米）；

Q—流量(立方米/小时);

V—额定风速(米/秒);

n—整机效率。

实度直接影响着风轮速比、效率和起动特性。风轮效率随着叶尖速比的增加,起动扭矩却随着叶尖速比的增加而减少,综合机组负载特性和匹配性能,以及工作风速范围和制造成本,确定叶片数为 4 枚,并选用 NACA4412～NADA4418 作为该机组的翼型。

风轮叶型是机组工作特性好坏的关键,但过高地追求 C_{pmax} 值,而对其效率曲线的变化过程和匹配特性不加限制,往往在实际中出现效率不足。

考虑到叶片的制造和低风速起动以及在较宽速比范围内仍有较好气动性能等因素,结合起动性能计算程序,采用人机对话方式,对叶型进行了反复修正设计,通过计算结果分析对比,优选出的叶型参数(表 14-1),起动性能计算结果见表 14-2,其主要计算公式如下:

表 14-1　叶型参数

r/R	0.1	0.2	0.3	0.4	0.5	0.6	0.7	0.8	0.9	1.0
弦 长	0.369	0.352	0.335	0.318	0.301	0.284	0.267	0.250	0.233	0.216
安装角	34.0	22.5	15.7	11.7	9.3	7.8	6.9	6.4	6.1	6.0

表 14-2　起动性能计算结果

叶尖速比 (Z_0)	1	2	3	4	5	6	7	8	9	10
平均功率系数(Cp)	0.012	0.101	0.296	0.400	0.421	0.407	0.343	0.207	0.066	0.044

叶尖速比 (Z₀)	1	2	3	4	5	6	7	8	9	10
平均扭矩系数(Cm)	0.012	0.050	0.099	0.100	0.084	0.068	0.049	0.026	0.007	0.001
平均推力系数(CF)	0.153	0.248	0.465	0.604	0.643	0.637	0.559	0.336	0.097	0.005

平均推力系数　$CF = 8\int_0 F \cdot a_1(1-a_1)(\frac{r}{R})d(\frac{r}{R})$

平均扭矩系数　$Cm = 8Z_0\int_0 F \cdot a_2(1-a_1)(\frac{r}{R})^3 d(\frac{r}{R})$

平均功率系数　$Cp = Cm \cdot Z_0$

式中：F—总损失系数；

　　　a_1—轴向诱导因子；

　　　a_2—周向诱导因子；

　　　Z_0—叶尖速比。

机械式风力提水机的调速系统是风力机设计中最难解决的问题之一。理想调速系统是保证风轮在额定风速前正面迎风,充分吸收风能,额定到关机风速间输出功率恒定。综合目前水平轴风力机各种调速特点和本机组特性,采用了尾翼销轴斜置式调速。该调速方式通常与恒扭矩旋转式泵匹配时,在调速前不能使风轮很好迎风,造成出力下降,起动困难。而FS-6型提水机的负载扭矩与风速的二次方呈正比,同风轮和尾板的力矩变化有相符性,从而得到了较好的迎风效果。同时为满足用户供水要求和提高风力机的抗大风能力,特设计了制动机构即手动抱闸。

销轴斜置调速具有结构简单、调速灵敏、性能可靠等特点,但它的设计计算却比较复杂。此外,该机组结构尺寸和重量比较大,同时存在较大的负载反扭矩,采用目前以销轴斜置调速的计算方法已不能适应,为此我们对原有公式进行了修正,并严格地建立了力矩平衡方程式组,由此获得的结构参数,在运行考核中它的调速性能收到了良好的效果,其主要计算公式如下:

尾翼回力矩 M_g:

$$M_g = \sin Q \cdot \cos r \cos \cdot (\alpha_n + \alpha - \theta) L_g \cdot P$$

尾翼气动力矩 M_x:

$$M_x = [\text{con} \phi \cdot \cos r \cdot \cos(n - \alpha) - \sin a \sin r \cdot \sin(\alpha_n + n - \theta)] \cdot L \cdot \sqrt{F_L{}^2 + F_D{}^2}$$

尾翼气动力对回转轴力矩 M_H:

$$M_H = [L \cos r \cos(n - \alpha) + \sqrt{K^2 + E^2} \cdot \cos(\theta - n - R)] \sqrt{F_L{}^2 + F_D{}^2}$$

其中:$n = \text{arctg}(F_D / F_L)$;$R = \text{arctg}(E / K)$

当系统在任一平稳位置时有下列方程组:

$$\begin{cases} M_g = M_x + M_r \\ M_T = M_H + M_F + M_g \end{cases}$$

式中:M_g—重力矩角;

α—尾翼与风向夹角;

R—尾翼提升角;

α_n—法面角;

θ—风向偏置角;

p—尾翼总重量;

E—风轮偏心距;

L_g—销轴到尾翼重心距离;

M_F—负载反扭矩；

K—回转中心到销轴距离；

M_r—风轮偏头力矩；

F_L、F_D—尾板升阻力；

M_R—销轴和回转体摩擦力矩；

M_T—风轮偏头力矩；

M_x—尾翼气动力矩；

M_H—尾翼气动力对回转轴力矩；

L—销轴到尾板气动力作用点距离。

第三节　水泵设计与匹配

目前国内外用于和风力机匹配的泵型有多种，如拉杆泵、螺旋泵、离心泵和螺杆泵等，各有其特点和适用范围，但与风力机的匹配特性均较差，因为这些泵大都属于恒扭矩泵。我们知道风力机输出扭矩与风速二次方呈正比，所以这些泵在最大效率下运行的风速只有 1 个，造成风能利用率低，直接影响了经济效益。国外有人曾设计了变行程拉杆泵，国内也有人正在研制，虽然在匹配特性上有所改善，但起动特性和动态性能仍处于研制阶段，特别是高扬程大流量适应于灌溉的泵型，目前国内还没有，因此为满足生产需要，我们设计了旋转式变扭矩容积泵（图 14-2）。

在高扬程情况下，风力机起动问题是机组设计的关键之一。特别是本机组为提高整机效率，采用了高速风轮，所以起动设计更为重要。由结构简图 14-1 扭矩调节器可知，机组起动过程中转速较低，调节器的离心力不能克服弹簧的张紧力，泵无容积变化空载运行。因此风力机起动只要克服摩擦力矩

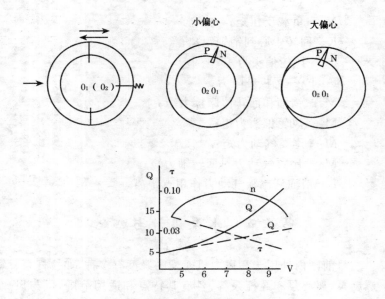

图 14-2　旋转式变扭矩容积泵

实线为四配变扭矩水泵的特性　虚线为四配恒扭矩水泵的特性

即可。当风力机转速达到一定值时,调节器开始工作,由此水泵产生高低压进入工作状态,随着转速的增加,在离心力作用下,调节器位移增大,通过传动机构促使定子与转子间偏心距加大,达到改变排量,即变扭矩的目的。

综合风力机起动力矩和摩擦力矩以及泵的制造技术,容积效率、结构尺寸,经计算选取整机传动比 1∶3.8,水泵额定转速为 500 转/分,进行泵结构设计。

一、泵的结构参数选取

水泵排量:

$$q = \frac{10^3 Q}{60\eta n} = \frac{10^3 \times 15}{60 \times 500 \times 75\%} = 0.67 \text{ 升/转}$$

式中：q—泵的排量（升/转）；

Q—泵的实际流量（立方米/小时）；

η—泵的容积效率（粗选）；

n—额定转速（转/分）。

由该泵理论排量计算公式 $q = 2\pi D \cdot e \cdot b$ 可知，直径 D、偏心矩 e 和高度 b 与排量都呈线性关系。但是当叶片作用于定子表面时，定子将给叶片一个反作用力，该力可分解成切向力和法向力。如果 D 取得小，e 取得大，则 T 就大，从而应降低泵的效率。反之，e 取得小，D 取得大，会使泵的整体结构增大。如 b 取得过大将给加工制造带来困难。为满足排量要求，根据经验，D、e、b 取值为：D=180 毫米，b=100 毫米，e_{max}=8 毫米（e_{max} 额定功率下偏心矩）。

在公式 $q = 2\pi Deb$ 推导中，做了近似处理，并且没有计叶片厚度所占的体积。现将公式修正，并将最大排量的精确值计算如下：

$$
\begin{aligned}
q_{max} &= 2\pi(D - e_{max}) \cdot be_{max} - 2E_P e_{max} \cdot \beta \\
&= 2\pi(1.8 - 0.08) \times 1 \times 0.08 - 2 \times 12 \times 0.08 \times 0.05 \\
&= 0.76 \text{ 升/转}
\end{aligned}
$$

二、扭矩调节器

调节器是保证风机空载起动和水泵在工作风速范围内与风力有良好匹配的重要机构。为使在额定风速前水泵吸收扭矩与风力机输出扭矩相吻合，所设计的调节器结构见图 14-1 扭矩调节器部分。其特征方程式经推导整理化简得：

$$e = kn^2 - C$$

$$k = L_1(R + \Delta R)m\left(\frac{2\pi}{60}\right)^2 / L_2(jK_1 + 2K_2)$$

$$C = [F_1 i + 2(F_2 + F_3)] / (i^2 k_1 + 2k_2)$$

式中：L_1——质心到飞锤交点距离；

　　　R——飞锤半径；

　　　m——飞锤总质量；

　　　L_2——飞锤交点到支点距离；

　　　i——调节器传动比；

　　　K_1——预紧弹簧系数；

　　　K_2——水泵定子回位弹簧系数；

　　　F_1——调节器预紧力；

　　　F_2——水泵定子弹簧预紧力；

　　　F_3——泵体内摩擦力。

当结构尺寸确定后,调节器在工作过程中因 $R \geqslant \triangle R$,上述方程表明,水泵偏心矩(e)与转速(n)的二次方呈正比,即水泵所需扭矩与风速的二次方呈正比,从而实现了风机与水泵的最佳匹配。

第五编　国家标准

中华人民共和国国家标准
户用沼气池施工操作规程
GB/T 4752—2002

1　范围　本标准规定了沼气池的建池选址、建池材料质量要求、土方工程、施工工艺、沼气池密封层施工等技术要求和总体验收。

本标准适用于按 GB/T 4750 设计的各类沼气池的施工。

2　规范性引用文件　下列文件中的条款通过本标准的引用而成为本标准的条款。凡是注日期的引用文件,其随后所有的修改单(不包括勘误的内容)或修订版均不适用于本标准,然而,鼓励根据本标准达成协议的各方研究是否可使用这些文件的最新版本。凡是不注日期的引用文件,其最新版本适用于本标准。

GB 175—1999　硅酸盐水泥、普通硅酸盐水泥

GB 1344—1999　矿渣硅酸盐水泥、火山灰质硅酸盐水泥及粉煤灰硅酸盐水泥

GB/T 4750—2002　户用沼气池标准图集

GB/T 4751—2002　户用沼气池质量检查验收规范

GB 5101—1998　烧结普通砖

GB 50164—92　混凝土质量控制

JGJ 52—1992　普通混凝土用砂质量标准及检验方法

JGJ 53—1992　普通混凝土用碎石或卵石质量标准及检

验方法

3 施工准备

3.1 池形选择根据 GB/T 4750 的技术要求,结合用户所能提供的发酵原料种类、数量和人口数、地质水文条件、气候、建池材料的选择难易、施工技术水平等特点,因地制宜地选定池形和池容积。

3.2 池址选择宜做到猪厩、厕所、沼气池三者联通建造,达到人、畜粪便能自流入池;池址与灶具的距离宜尽量靠近,一般控制在 25m 以内;尽量选择在背风向阳、土质坚实、地下水位低和出料方便的地方。

3.3 拟定施工方案根据池形结构设计确定施工工艺;备足建池材料;做好施工前的技术准备工作。

3.3.1 $4m^3$~$10m^3$ 现浇混凝土曲流布料沼气池材料参考用量表(表 1)。

3.3.2 $4m^3$~$10m^3$ 预制钢筋混凝土板装配沼气池材料参考用量表(表 2)。

3.3.3 $4m^3$~$10m^3$ 现浇混凝土圆筒形沼气池材料参考用量表(表 3)。

3.3.4 $4m^3$~$10m^3$ 椭球形沼气池材料参考用量表(表 4)。

3.3.5 $6m^3$~$10m^3$ 分离贮气浮罩沼气池材料用量表(表 5)。

4 建池材料要求

4.1 水泥:优先选用硅酸盐水泥,也可以用矿渣硅酸盐水泥、火山灰质硅酸盐水泥或粉煤灰硅酸盐水泥。水泥的性能指标必须符合 GB 175 和 GB 1344 规定,宜选水泥强度标号为 325 号或 425 号的水泥。

4.2 水泥进场应有出厂合格证或进场检验报告,并应对其品种、标号出厂日期等检查验收。

表 1 4m³~10m³ 现浇混凝土曲流布料沼气池材料参考用量表

容积/m³	混凝土				池体抹灰			水泥素浆	合计材料用量		
	体积/m³	水泥/kg	中砂/m³	碎石/m³	体积/m³	水泥/kg	中砂/m³	水泥/kg	水泥/kg	中砂/m³	碎石/m³
4	1.828	523	0.725	1.579	0.393	158	0.371	78	759	1.096	1.579
6	2.148	614	0.852	1.856	0.489	197	0.461	93	904	1.313	1.856
8	2.508	717	0.995	2.167	0.551	222	0.519	103	1042	1.514	2.167
10	2.956	845	1.172	2.553	0.658	265	0.620	120	1230	1.792	2.553

表 2 4m³~10m³ 预制钢筋混凝土板装配沼气池材料参考用量表

容积/m³	混凝土				池体抹灰			水泥素浆	合计材料用量			钢 材	
	体积/m³	水泥/kg	中砂/m³	碎石/m³	体积/m³	水泥/kg	中砂/m³	水泥/kg	水泥/kg	中砂/m³	碎石/m³	12号铁丝/kg	Φ6.5钢筋/kg
4	1.540	471	0.863	1.413	0.393	158	0.371	78	707	1.234	1.413	14.00	10.00
6	1.840	561	0.990	1.690	0.489	197	0.461	93	851	1.451	1.690	18.98	13.55
8	2.104	691	1.120	1.900	0.551	222	0.519	103	1016	1.639	1.900	20.98	14.00
10	2.384	789	1.260	2.170	0.658	265	0.620	120	1174	1.880	2.170	23.00	15.00

表 3 4m³~10m³ 现浇混凝土圆筒形沼气池材料参考用量表

容积/m³	混凝土				池体抹灰			水泥素浆	合计材料用量		
	体积/m³	水泥/kg	中沙/m³	碎石/m³	体积/m³	水泥/kg	中沙/m³	水泥/kg	水泥/kg	中沙/m³	碎石/m³
4	1.257	350	0.622	0.959	0.277	113	0.259	6	469	0.881	0.959
6	1.635	455	0.809	1.250	0.347	142	0.324	7	604	1.133	1.250
8	2.017	561	0.997	1.540	0.400	163	0.374	9	733	1.371	1.540
10	2.239	623	1.107	1.710	0.508	208	0.475	11	842	1.582	1.710

表 4 现浇混凝土椭球形沼气池材料参考用量表

池型	容积/m³	混凝土/m³	水泥/kg	砂/m³	石子/m³	硅酸钠/kg	石蜡/kg	备注
椭球 A I 型	4	1.018	381	0.671	0.777	4	4	
	6	1.278	477	0.841	0.976	5	5	
	8	1.517	566	0.998	1.158	6	6	
	10	1.700	638	1.125	1.298	7	7	
椭球 A II 型	4	0.982	366	0.645	0.750	4	4	
	6	1.238	460	0.811	0.946	5	5	
	8	1.465	545	0.959	1.148	6	6	
	10	1.649	616	1.086	1.259	7	7	

池　型	容积/m³	混凝土/m³	水泥/kg	砂/m³	石子/m³	硅酸钠/kg	石蜡/kg	备注
椭球 BⅠ型	4	1.010	376	0.664	0.771	4	4	
	6	1.273	473	0.833	0.972	5	5	
	8	1.555	578	1.091	1.187	6	6	
	10	1.786	662	1.167	1.364	7	7	

注1：表中各种材料均按产气率为 0.2m³/(m³·d) 计算，未计损耗。
注2：抹灰砂浆采用体积比 1：2.5 和 1：3.0 两种，本表以平均数计算。
注3：碎石粒径为 5mm～20mm。
注：本表系按实际容积计算。

表 5　6m³～10m³ 分离贮气浮罩沼气池材料参考用量表

池容/m³	混凝土工程				密封工程				合　计		
	体积/m³	水泥/kg	中沙/m³	卵石/m³	面积/m³	水泥/kg	中沙/m³	卵石/m³	水泥/kg	中沙/m³	卵石/m³
6	1.47	396	0.62	1.25	17.60	260	0.20	1.25	656	0.82	1.25
8	1.78	479	0.75	1.51	21.21	314	0.24	1.51	793	0.99	1.51
10	2.14	578	0.90	1.82	25.14	372	0.28	1.82	948	1.18	1.82

注：本表系按实际容积计算，未计损耗；表中未包括贮粪池的材料用量。

当对水泥质量有怀疑或水泥出厂超过三个月,应复查试验,并按试验结果使用。

4.3 石子其最大颗粒粒径不得超过结构截面最小尺寸的四分之一,且不得超过钢筋间最小距离的四分之三。对混凝土实心板,石子的最大粒径不宜超过板厚的二分之一且不得超过 20mm～40mm。

4.4 沼气池混凝土所用石子,应符合 JGJ 53 规定。

4.5 沼气池混凝土所用的砂应符合 JGJ 52 规定,宜采用中砂。

4.6 水选择饮用水。

4.7 砖应选择实心砖,应符合 GB 5101 规定,砖的强度等级应选择在 MU7.5 以上。

4.8 混凝土预制板强度等级应大于 C15,并应规格相同,尺寸准确,外形规则无缺损。

4.9 砌筑砂浆:

a)砂浆用砂应过筛,不得含有草根等杂物。砂浆的配合比应经试验确定,砂浆的施工配合比应采用质量比,强度等级采用 MU7.5。材料称量允许偏差为±2%。

b)砂浆的拌合如用机械搅拌,自投料时算起,不得少于 90s。人工拌合,不得有可见原状砂粒,色泽应均匀一致。

c)砂浆应随拌随用,应在拌成后 3h 内使用完毕,如施工期间最高气温超过 30℃时应在拌成后 2h 内使用完毕。

4.10 外加剂。沼气池混凝土中可掺用外加剂,宜掺用能增加混凝土抗渗性及强度的早强剂、减水剂等,应符合有关标准,并经试验符合要求后方可使用,不得掺用加气剂、引气型减水剂。

5. 土方工程

5.1 池坑开挖,按下列条件施工

5.1.1 池址在有地下水或无地下水,土壤具有天然湿度,池坑直壁开挖深度小于表 6 所规定的允许值;当池坑开挖深度小于表 6 的允许值时,可按直壁开挖池坑。

表 6 池坑下壁开挖最大允许高度

土 壤	无地下水,土壤具有天然湿度/m	有地下水
人工填土和砂土内	1.00	0.60
在粉土和碎石内	1.25	0.75
在粘性土内	1.50	0.95

5.1.2 池建在无地下水,土壤具有天然湿度,土质构造均匀,池坑开挖深度小于 5m 或建在有地下水,池坑开挖深度小于 3m 时,可按表 7 的规定放坡开挖。

表 7 池坑放坡开挖比例

土 壤	坡 度	土 壤	坡 度
砂 土	1:1	碎 石	1:0.50
粉 土	1:0.78	粉性土	1:0.67
粘 土	1:0.33		

5.2 池坑开挖放线

5.2.1 进行直壁开挖的池坑,为了省工、省料,宜利用池坑土壁作胎模:

a)圆筒形池与曲流布料池,上圈梁以上部位按放坡开挖的池坑放线,圈梁以下部位按模具成型的要求放线;

b)椭球形池的上半球,一般按主池直径放大 0.6m 放线,作为施工作业面,下半球按池形的几何尺寸放线;

c)预制板沼气池坑,按 GB/T 4750 选定的沼气池的几何

尺寸,加上背夯回填土 15cm 宽度进行放线,砖砌沼气池土壤好时,将砖块紧贴坑壁原浆砌筑,不留背夯位置;

d)池坑放线时,先定好中心桩和标高基准桩。中心桩和标高基准桩应牢固不变位;

e)池坑开挖应按照放线尺寸,开挖池坑不得扰动土胎模,不准在坑沿堆放重物和弃土。如遇到地下水,应采取引水沟、集水井和曲流布料池的无底玻璃瓶等排水措施,及时将积水排除,引离施工现场;做到快挖快建,避免暴雨侵袭。

5.3　特殊地基处理

5.3.1　淤泥:淤泥地基开挖后,应先用大块石压实,再用炉渣或碎石填平,然后浇筑 1:5.5 水泥砂浆一层。

5.3.2　流砂:流砂地基开挖后,池坑底标高不得低于地下水位 0.5m。若深度大于地下水位 0.5m,应采取池坑外降低地下水位的技术措施,或迁址避开。

5.3.3　膨胀土或湿陷性黄土应采用更换好土或设置排水、防水措施。

6　现浇混凝土沼气池的施工

6.1　池坑开挖　大开挖支模浇注法。按照 GB/T 4750 选定沼气池的尺寸,挖掉全池土方。池墙外模,利用原状土壁;池墙和池盖内模可用钢模、砖模、木模等。支模后浇注混凝土,一次成型。混凝土浇捣要连续、均匀对称、振捣密实,池盖浇捣程序由下而上,池盖顶面原浆压实抹光。

6.2　支模

6.2.1　外模:曲流布料沼气池与圆筒形的池底、池墙和球形、椭球形沼气池下半球的外模,对于适合直壁开挖的池坑,利用池坑壁作外模。

6.2.2　内模:曲流布料沼气池与圆筒形的池墙、池盖和椭球形沼气池的上半球内模,可采用钢模、砖模或木模。砌筑砖模时,砖块应浇水湿润,保持内潮外干,砌筑灰缝不漏浆。

6.3 模板及其支架

应符合下列规定:

a)保证沼气池结构和构件各部分形状尺寸和相应位置的正确;

b)具有足够的强度、刚度和稳定性,能可靠地承受新浇筑混凝土的正压和侧压力,以及施工过程中施工人员及施工设备所产生的荷载;

c)构造简单装拆方便,并便于钢筋的绑扎与安装和混凝土的浇筑及养护等工艺要求;

d)模板接缝严密不得漏浆。

6.4 混凝土的配合比

6.4.1 混凝土施工配合比,应根据设计的混凝土强度等级、质量检验、混凝土施工和易性及尽力提高其抗渗能力的要求确定,并应符合合理使用材料和经济的原则。

6.4.2 混凝土的最大水灰比不超过 0.65,每立方米混凝土最小水泥用量不小于 275kg。

6.4.3 混凝土浇筑时塌落度应控制在 2cm~4cm 内。

6.4.4 混凝土原材料称量的偏差不得超过表 8 中允许偏差的规定。

表 8 材料称重允许偏差

材料名称	允许偏差/%
水 泥	±2
石子、砂石	±3
水、外加剂	±2

6.5　混凝土搅拌要求　混凝土搅拌当采用机械搅拌，最短时间不得小于 90s。当采用人工拌合时，拌合好的混凝土应保证色泽均匀一致，不得有可见原状石子和砂。

6.6　模板及支架检验　对模板及其支架、钢筋和预埋件应进行检查并做好记录，符合设计要求后方能浇筑混凝土。

6.7　浇筑混凝土前的检查　对模板内的杂物和钢筋上的油污等应清理干净，对模板的缝隙和孔洞应予堵严，对木模板应浇水湿润，但不得有积水。

6.8　混凝土倾落度的要求　混凝土自高处倾落的自由高度不应超过 2m。

6.9　浇筑混凝土清洁要求　浇筑池底混凝土时应清除淤泥和杂物，并应有排水和防水措施。对干燥的非粘性土应用水湿润。

6.10　浇筑混凝土气温要求　在降雨雪或气温低于 0℃时不宜浇筑混凝土，当需浇筑时应采取有效措施，确保混凝土质量。

6.11　浇筑混凝土程序要求　沼气池混凝土浇筑采用螺旋式上升的程序一次浇筑成型。要求振捣密实、无蜂窝、麻面、裂缝等缺陷，并做好施工记录。

6.12　浇筑混凝土温度要求　混凝土拌合后，当气温不高于 25℃，宜在 120min 内浇筑完毕，当温度高于 25℃ 时，宜在 90min 内浇筑完毕。

6.13　混凝土的养护

6.13.1　对已浇筑完毕的混凝土，应在 12h 内加以覆盖和 24h 后浇水养护，当日平均气温低于 5℃时不得浇水。

6.13.2　混凝土的浇水养护时间，对采用硅酸盐水泥、普通硅酸盐水泥或矿渣硅酸盐水泥拌制的混凝土不得小于 7d，对火山灰质及粉煤灰硅酸盐水泥及掺用外加剂的混凝土不得少于14d。

6.13.3 在已浇筑的混凝土强度未达到 1.5MPa,不得在其上踩踏或安装模板及支架。

7 池底施工 先将池基原状土夯实,然后铺设卵石垫层,并浇灌 1∶5.5 的水泥砂浆,再浇筑池底混凝土,要求振实并将池底抹成曲面形状。

8 进、出料管施工 进、出料管与水压间的施工及回填土,应与主池在同一标高处同时进行,并注意做好进、出料管插入池墙部位的混凝土加强部分。

9 砌筑沼气池和预制钢筋混凝土板装配沼气池的施工

9.1 采用"活动轮杆法"砖砌圆筒形沼气池池墙

砌筑中应注意:

a)砖块先浸水,保持面干内湿;

b)砖块砌筑应横平竖直,内口顶紧,外口嵌牢,砂浆饱满,竖缝错开;

c)注意浇水养护砌体,避免灰缝脱水;

d)若无条件紧贴坑壁砌筑时,池墙外围回填土应回填密实。回填土含水量控制在 20%～25% 之间,可掺入 30%粒径小于 40mm 的碎石、石灰渣或碎砖瓦等;对称、均匀回填夯实,边砌筑边回填。

9.2 上圈梁施工 在砌好的池墙上端,做好砂浆找平层,然后支模。当采用工具式弧形木模时,应分段移动浇筑混凝土,要拍捣密实,随打随压抹光。

9.3 池盖砌筑 浇筑好上圈梁后立即进行池盖砌筑施工或待圈梁混凝土强度达到设计强度等级 70%后再进行砌筑池盖。对砖砌或小型混凝土预制块沼气池可采用"无模悬砌卷拱法"砌筑施工。对于预制板混凝土池盖施工应采用支模法施工。

9.4 预制钢筋混凝土板及装配施工 预制板混凝土预制时的混凝土浇筑配合比、养护、支模等按 6.2、6.4、6.13 要求进行。

9.5 预制钢筋混凝土板装配沼气池的施工 先浇池底圈梁混凝土，然后按池墙、池拱预制板编号和进、出料管位置方向组装。关键要注意各部位垂直度、水平度符合要求，并特别注意接头处粘接牢固、密实。

10 拆模

10.1 拆侧模时要求混凝土强度应达到不低于混凝土设计强度等级的 40%。拆承重模时要求混凝土强度应达到不低于混凝土设计强度等级的 75%。

10.2 在拆除模板过程中应注意保护混凝土表面及棱角不因拆除模板而受损坏，如发现混凝土有影响结构及抗渗性的质量问题时应暂停拆除。经过处理后方可继续拆除。

11 回填土

回填土应以好土为主，并注意对称均匀回填，分层夯实。拱盖上的回填上，应等混凝土强度达到设计强度等级的 75% 后进行，避免局部受冲击。

12 密封层施工

12.1 基层处理

12.1.1 混凝土基层的处理在模板拆除后，立即用钢丝刷将表面打毛，并在抹面前浇水冲洗干净。

12.1.2 当遇有混凝土基层表面凹凸不平、蜂窝孔洞等现象时，应根据不同情况分别处理。

当凹凸不平处的深度大于 10mm 时，先用钻子剔成斜坡，并用钢丝刷刷后浇水清洗干净，抹素灰 2mm，再抹砂浆找平层(见图 1),抹后将砂浆表面横向扫成毛面。如深度较大时,待砂浆凝固后(一般间隔 12h)再抹素灰 2mm,再用砂浆抹至与混凝土平面齐平为止。

当基层表面有蜂窝孔洞时,应先用钻子将松散石除掉,将孔洞四周边缘剔成斜坡,用水清洗干净,然后用 2mm 素灰、10mm 水泥砂浆交替抹压,直到与基层齐平为止,并将最后一层砂浆表面横向抹成毛面。待砂浆凝固后再与混凝土表面一起做好防水层(见图 2)。当蜂窝麻面不深,且石子粘结较牢固,则需用水冲洗干净,再用 1∶1 水泥砂浆用力压抹平后,并将砂浆表面扫毛即可(见图 3)。对砌筑的砌体,需将砌缝剔成 1cm 深的直角沟槽(不能剔成圆角)(见图 4)。

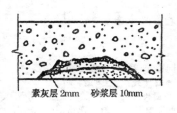

图 1　混凝土基层凹凸不平处理

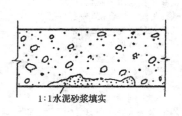

图 2　混凝土基层孔洞处理

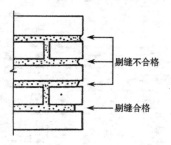

图 3　混凝土基层蜂窝处理　　图 4　砌体缝的处理

12.1.2.1 砌块基层处理需将表面残留的灰浆等污物清除干净,并浇水冲洗。

12.1.2.2 在基层处理完后,应浇水充分浸润。

12.2 四层抹面法 沼气池刚性防渗层四层抹面法施工要求(见表9)。

表 9 四层抹面法施工要求

层 次	水灰比	操 作 要 求	作 用
第一层素灰	0.4~0.5	用稠素水泥浆刷一遍。	结合层
第二层水泥砂浆层厚10mm	0.4~0.5 水泥:砂为1:3	1. 在素灰初凝时进行,即当素灰干燥到用手指能按入水泥浆层四分之一至二分之一时进行,要使水泥砂浆薄薄压入素灰层约四分之一左右,以使第一、二结合牢固。 2. 水泥砂浆初凝前,用木抹子将表面抹平、压实。	起骨架和护素灰作用
第三层水泥砂浆层厚4~5mm	0.4~0.45 水泥:砂为1:2	1. 操作方法同第二层。水分蒸发过程中,分次用木抹子抹压1~2遍,以增加密实性,最后再压光。 2. 每次抹压间隔时间应视施工现场湿度大小,气温高低及通风条件而定。	起着骨架和防水作用
第四层素灰层厚2mm	0.37~0.4	1.分两次用铁抹子往返用力刮抹,先刮抹1 mm厚素灰作为结合层,使素灰填实基层孔隙,以增加防水层的粘结力,随后再刮抹1mm厚的素灰,厚度要均匀。每次刮抹素灰后,都应用橡胶皮或塑料布适时收水(认真搓磨)。 2.用湿毛刷或排笔蘸稀水泥浆在素灰层表面依次均匀水平涂刷一遍,以堵塞和填平毛细孔道,增加不透水性,最后刷素浆1~2遍,形成密封层。	防水、密封作用

12.3 密封层施工操作要求

12.3.1 施工时,务必做到分层交替抹压密实,以使每层的毛细孔道大部分切断,使残留的少量毛细孔无法形成连通的渗水孔网,保证防水层具有较高的抗渗防水性能。

12.3.2 施工时应注意素灰层与砂浆层应在同一天内完成。即防水层的前两层基本上连续操作,后两层连续操作,切勿抹完素灰后放置时间过长或次日再抹水泥砂浆。

12.3.3 素灰抹面,素灰层要薄而均匀,不宜过厚,否则造成堆积,反而降低粘结强度且容易起壳。抹面后不宜干撒水泥粉,以免素灰层厚薄不均影响粘结。

12.3.4 水泥砂浆揉浆,用木抹子来回用力压实,使其渗入素灰层。如果揉压不透则影响两层之间的粘结。在揉压和抹平砂浆的过程中,严禁加水,否则砂浆干湿不一,容易开裂。

12.3.5 水泥砂浆收压,在水泥砂浆初凝前,待收水 70%(即用手指按压上去,有少许水润出现而不易压成手迹)时,就可以进行收压工作。收压是用木抹子抹光压实。收压时需掌握:

　　a)砂浆不宜过湿;

　　b)收压不宜过早,但也不迟于初凝;

　　c)用铁板抹压而不能用边口刮压,收压一般作两道,第一道收压表面要粗毛,第二道收压表面要细毛,使砂浆密实,强度高且不易起砂。

13 涂料密封层施工

13.1 涂料选用经过省、部级鉴定的密封涂料,材料性能要求具有弹塑性好,无毒性,耐酸碱,与潮湿基层粘结力强,延伸性好,耐久性好,且可涂刷的。

13.2 涂料施工要求和施工注意事项应按所购产品的使用说

明书要求进行。

14 贮气浮罩的施工

14.1　焊接浮罩骨架：$1m^3 \sim 2m^3$ 浮罩骨架采用 DN_{25} 的水煤气管作导向套管，DN_{15} 的水煤气管作中心导向轴；$3m^3 \sim 4m^3$ 浮罩骨架采用 DN_{40} 的水煤气管作导向导管，DN_{25} 的水煤气管作中心导向轴。套管底端比骨架低 5mm，顶端比骨架顶高 15mm。

14.2　浮罩顶板施工：首先平整场地，在场地上划一个比浮罩尺寸大 100mm～150mm 的圆圈，用红砖沿圆周摆平，砌规则，在圆内填满河砂压实并形成锥形，锥形的高度：$1m^3 \sim 2m^3$ 浮罩为 10mm；$3m^3 \sim 4m^3$ 浮罩为 20mm。在导气管处，需下陷一些，形成一个锥形，以增强导气管的牢固性。然后在上面铺一层塑料薄膜，放上浮罩骨架，校正好，按顶板设计厚度用 1:2 水泥砂浆抹实压平，待初凝时，撒上水泥灰，反复抹光。沿顶板边缘处，按设计尺寸切成 45°斜口，并保持粗糙，以便与浮罩壁能牢固的胶接。

14.3　砌模：顶板终凝后，以导向套圆浮罩内径为半径用 53mm 砖砌模。砖模应紧贴钢架，砌浆采用粘土泥浆。模砌至距浮罩壁口部 100mm～120mm 时，砌模倾向套管 20mm～30mm，使口部罩壁加厚。模体砌好后，用粘土泥浆抹平砌缝，稍干之后刷石灰水一遍。

14.4　制作浮罩壁：先将模体外缘的塑料薄膜按浮罩外径大小切除，清洗干净，在顶板圆周毛边用 1:2 水泥砂浆铺上 100mm。然后沿模体由下向上粉刷，厚 20mm～30mm。水泥砂浆要干，水灰比 0.4～0.45，施工不能停顿，一次粉刷完。待罩壁初凝后，撒上干水泥灰压实磨光，消除气孔，进行养护。

14.5　内密封：浮罩终凝后，拆去砖模，刮去罩壁上的杂物，清洗干净。在罩内顶板与罩壁连接处,用1∶1水泥砂浆做好50mm～60mm高的斜边,罩壁内表用1∶2水泥砂浆抹压一次,厚度5mm左右,压实抹光,消除气泡砂眼。终凝后,再刷水泥浆二至三遍,使罩壁平整光滑。

14.6　水封池试压:将水封池内注满清水,待池体湿透后标记水位线,观察12h,当水位无明显变化时,表明水封池不漏水。

14.7　安装浮罩:浮罩养护28天后,可进行安装,将浮罩移至水封池旁边,并慢慢放入水中,由导气管排气。当浮罩落至离池底200mm左右,关掉导气管,将中心导向轴、导向架安装好,拧紧螺母,最后将空气全部排除。

14.8　浮罩试压:先把浮罩安装好后,在导气管处装上气压表,再向浮罩内打气,同时仔细观察浮罩表面,检查是否有漏气。当浮罩上升到最大高度时,停止打气,稳定观察24h,气压表水柱差下降在3％以内时,为抗渗性能符合要求。

14.9　分离贮气浮罩沼气池的浮罩及水封池尺寸选用见表10;浮罩及水封池材料见表11。

15　质量总体检查验收　按 GB/T 4751 进行检查验收。凡符合要求,可交付用户投料使用。

表 10 6m³～10m³ 分离贮气浮罩沼气池及水封池尺寸选用表

容积/m³		6					8					10				
产气率/m³·(m³·d)		0.20	0.25	0.30	0.35	0.40	0.20	0.25	0.30	0.35	0.40	0.20	0.25	0.30	0.35	0.40
水封池	内径/mm	1200	1200	1300	1300	1400	1250	1300	1400	1450	1500	1300	1400	1450	1550	1600
	净深/mm	1300	1350	1400	1450	1600	1350	1450	1500	1600	1650	1450	1500	1600	1650	1700
浮罩	内径/mm	1000	1000	1100	1100	1200	1050	1100	1200	1250	1300	1100	1200	1250	1350	1400
	净高/mm	1000	1050	1100	1150	1200	1050	1150	1200	1300	1350	1150	1300	1300	1350	1400
罩	总容积/m³	0.79	0.82	1.05	1.08	1.36	0.91	1.08	1.36	1.60	1.79	1.09	1.36	1.60	1.93	2.16
	有效容积/m³	0.70	0.75	0.95	1.00	1.24	0.82	1.00	1.24	1.47	1.86	1.00	1.24	1.47	1.79	2.00

表 11 1m³～4m³ 分离贮气浮罩沼气池及水封池材料参考用量表

浮罩容积/m³	制作工程			刷浆工程	合计		水封池容积/m³	混凝土工程			粉刷工程		合计		
	砂浆/m³	水泥/kg	中砂/m³	水泥/kg	水泥/kg	中砂/m³		水泥/kg	中砂/m³	卵石/m³	水泥/kg	中砂/m³	水泥/kg	中砂/m³	卵石/m³
1	0.144	80	0.134	14	94	0.134	2	87	0.140	0.280	79	0.19	166	0.330	0.260
2	0.233	129	0.217	23	152	0.217	3.5	125	0.196	0.396	115	0.27	240	0.466	0.396
3	0.304	168	0.283	30	198	0.283	5	158	0.250	0.500	144	0.34	302	0.590	0.500
4	0.368	203	0.342	37	240	0.342	6.5	186	0.289	0.586	171	0.40	357	0.689	0.566

注：表中材料未计浮罩、水封池的钢材用量。

中华人民共和国国家标准
户用沼气池质量检查验收标准
GB/T 4751——2002

1 范围 本标准规定了户用沼气池选用现浇混凝土、砖砌体、钢筋混凝土预制板等材料建池以及密封层施工的质量检验验收的内容、方法及要求。

本标准适用于按 GB/T 4750—2002 设计和 GB/T 4752—2002 进行建池施工沼气池的质量检查验收。

2 规范性引用文件 下列文件中的条款通过本标准的引用而成为本标准的条款。凡是注日期的引用文件,其随后所有的修改单(不包括堪误的内容)或修订版均不适用于本标准,然而,鼓励根据本标准达成协议的各方研究是否可使用这些文件最新版本。凡是不注日期的引用文件,其最新版本适用于本标准。

GB 175—1999 硅酸盐水泥,普通硅酸盐水泥

GB 1344—1999 矿渣硅酸盐水泥,火山灰质硅酸盐水泥及粉煤灰硅酸盐水泥

GB/T 4750—2002 户用沼气池标准图集

GB/T 4752—2002 户用沼气池施工操作规程

GB 50203—1998 砖石工程施工及验收规范

JGJ 52—1992 普通混凝土用砂质量标准及检验方法

JGJ 81—1985 普通混凝土力学性能试验方法

JGJ/T 23—1992 回弹法检测混凝土抗压强度技术规程

JGJ 70—90 建筑砂浆基本性能试验方法

3 建池材料

3.1 水泥检验验收应符合 GB 175、GB 1344 的规定。

3.2 碎石或卵石的检验验收应符合 JGJ 53 的规定。

3.3 砂的检验验收应符合 JGJ 52 的规定。

3.4 外加剂的质量验收应符合该产品的标准。

4 土方工程

4.1 沼气池池坑地基承载力设计值≥50kPa。

　　检验方法:观察检查土质情况,笪查施工记录。

4.2 回填土应分层夯实,其质量密度值要求达到 1.8g/cm³,偏差值不大于(1.8±0.03)g/cm³。

　　检验方法:检验施工记录及土质取样测定,每池取两点。

4.3 池坑开挖标高、内径、池壁垂直度和表面平整度允许偏差值见表1。

表 1　池坑开挖允许偏差

项　目	允许误差/mm	检验方法	检查点数
直　径	+20	用尺量	4
标　高	+15 −5	用水准仪按施工记录 拉线用尺量	4
垂直度	±10	用重锤线和尺量	4
表面平整度	±5	用 1m 靠尺和楔形塞尺	4

5 模板工程

5.1 砖模、钢模、木模和支撑件应有足够的强度、刚度和稳定性,并拆装方便。

　　检验方法:用手摇动和观察检查。

5.2 模板的缝隙以不漏浆为原则。

　　检验方法:观察检查。

5.3 曲流布料池、圆筒形池整体现浇混凝土模板安装允许偏差及检查方法见表2。

表2 现浇模板安装允许偏差

项 目	分 项	允许偏差值/mm	检验方法	检查点数
池与水压间标高	木 模	±10	用尺量或水准仪检查	3
	钢 模	±5		3
断面尺寸		+5 −3	用尺量	3
池盖模板	曲率半径	±10	用曲率半径准绳	3

5.4 椭球形池上、下半球的曲率应保持与标准图集设计相一致,尺寸允许偏差±5mm。

5.5 预制构件模板安装的允许偏差及检查方法见表3。

表3 预制件模板安装允许偏差

项 目		允许偏差值/mm	检验方法	检查点数
长度	板	±5	用尺量	2
	沼气池砌体	0 −3	用尺量	2
宽度	板	±5	用尺量	2
	沼气池砌体	0 −2	用尺量	2
厚度	板	±2	用尺量	2
	沼气池砌体	±2	用尺量	2
对角线		+3	用尺量	2
直径		±3	用尺量	2

续表 3

项 目		允许偏差值/mm	检验方法	检查点数
表面平整	板	+2	用尺量	2
	沼气池砌体	+2	用尺量	2
侧向弯曲	板	$L/1000$	用尺量	2

6 混凝土工程

6.1 混凝土在拌制和浇筑过程中应按下列规定进行检查验收

6.1.1 检查拌制混凝土所用原材料的品种、规格和用量,每一工作班至少两次。

6.1.2 检查混凝土在浇筑地点的塌落度,每工作班至少两次。

6.1.3 混凝土的搅拌时间随时检查。

6.2 混凝土质量检验

6.2.1 检查混凝土质量,当有条件时宜采用试块进行抗压强度检验,混凝土质量的抗压强度值应不低于 GB/T 4750 中设计值的 95%。

6.2.2 用于检查混凝土质量的试样,试件应采用钢模制作,应在混凝土的浇筑地点随机取样制作,试件的留置应符合下列规定:

　　a)同一配合比混凝土其取样不得少于一次,

　　b)每班拌制的同一配合比混凝土其取样不得少于一次。

6.2.3 试件强度试验的方法应符合 JGJ 81 的规定。

6.2.4 每组三个试件应在同盘混凝土中取样制作,并按下列规定确定该组试件混凝土强度代表值:

a)取三个试件强度的平均值；

b)当三个试件强度中的最大值或最小值之一与中间值之差不超过 15％时取中间值；

c)当三个试件强度中的最大值和最小值与中间值之差均超过中间值 15％时,该组试件不得作强度评定的依据。

6.3 回弹仪法检测混凝土抗压强度

检查混凝土质量不具备采用试块进行抗压强度试验验收条件时,可采用回弹仪法检测混凝土抗压强度与验收,混凝土抗压强度值应不低于 GB/T 4750 设计值的 95％。

6.4 浇筑混凝土的要求

混凝土应振捣密实,不允许有蜂窝、麻面和裂纹等缺陷。

6.4.1 检验方法:观察检查。

6.4.2 现浇混凝土沼气池允许偏差值及检验方法见表 4。

表 4　现浇混凝土沼气池允许偏差

项　目	允许偏差/mm	检验方法	检验点数
内　径	+3 -5	拉线用尺量	4
外　径	+5 -3	拉线用尺量	4
池墙标高	+5 -10	用水准仪检测或拉线用尺量	4
池墙垂直度	±5	吊线用尺量	4
弧面平整度	±4	用弧形尺和楔形塞尺检查	4
圈梁断面尺寸	+5 -3	拉线用尺量	4
池壁厚度	+5 -3	用尺量取平均值	4

7 砖砌体与预制板工程

7.1 砖砌体工程

7.1.1 砌体中砂浆应饱满密实。垂直及水平灰缝的砂浆饱满度不得低于95%;不允许出现内外相通的孔隙。

检验方法:在池墙、池盖不同位置各掀三块砖,用百分格网查砖底面、侧面砂浆的接触面积大小,一般取三处的平均值。

7.1.2 组砌方法应正确,竖缝错开不准有通缝;水平灰缝要平直,平直度偏差不超过10mm。

检验方法:观察检查或用尺量。

7.1.3 砖砌体允许偏差及检查方法见表5。

表5 砖砌体允许偏差

项 目	允许误差/mm	检验方法	检查点数
直 径	±5	用尺量	2
标 高	+5 -15	用水准仪或拉线用尺量	4
水平灰缝平直度	±10	拉水平线用尺量	2
水平灰缝厚度	±3	用尺量	3
池墙垂直度	1m范围内±5	用垂线和尺量	3

7.2 混凝土预制板工程

7.2.1 砌体砂浆要饱满密实,板间接头牢固,组砌方法正确,不允许出现通缝或联通缝隙。

7.2.2 砌体外缝采用C20细石混凝土灌缝;砌体内缝用1:2.0水泥砂浆,分两层勾缝与池内壁相平。

7.2.3 砂浆在拌合和施工过程中应按下列规定进行检查验收:

a)检查拌制砂浆所用原材料的品种、规格和用量,每一工作班至少两次;

b)砂浆的拌合时间应随时检查。

7.2.4 砂浆的质量检验,一般用试块方法检验,试块的制作方法应符合 GB 50203 的规定,试块的强度检验方法应符合 JGJ 70 的规定。试块强度平均值应不低于强度等级的 95%。

8 水泥密封检验

8.1 水泥密封层应灰浆饱满,抹压紧密,无翻砂、无裂纹、无空鼓、无脱落,表层光滑。接缝要严密,各层间粘结牢固。

检验方法:边施工边观察或用木锤敲击检查;查施工记录。

8.2 水泥密封层厚度应符合 GB/T 4752 的设计要求;总厚度允许偏差+5mm。

检验方法:边施工边检查。

9 涂料密封层检验

9.1 涂料层应薄而均匀,并且具有对潮湿基面良好的附着力,抗老化性及耐酸碱性,不得出现任何裂纹。

9.2 涂料密封层施工中涂刷不得有漏刷、脱落、空鼓、起壳、接缝不严密、裂缝等现象,涂刷厚度要均匀,表面光滑。

检验方法:边施工边检查;查施工记录。

10 沼气池整体施工质量和密封性能验收及检验方法

10.1 直观检查法:应对施工记录和沼气池各部位的几何尺寸进行复查。池体内表面应无蜂窝、麻面、裂纹、砂眼和气孔;无渗水痕迹等目视可见的明显缺陷;粉刷层不得有空鼓或脱落现象,合格后方可进行试压验收。

10.2 待混凝土强度达到设计强度等级的 85% 以上时,方能进行试压查漏验收。检验方法有水试压法和气试压法。

10.2.1　水试压法:向池内注水,水面升至零压线位时停止加水,待池体湿透后标记水位线,观察12h。池水位无明显变化时,表明发酵间及进出料管水位线以下不漏水,之后方可进行试压。试压时先安装好活动盖,并做好密封处理;接上U型水柱气压表后继续向池内加水,待U型水柱气压表数值升至最大设计工作气压时停止加水,记录U型水柱气压表数值,稳压观察24h。若气压表下降数值小于设计工作气压的3%时,可确认为该沼气的抗渗性能符合要求。

10.2.2　气试压法:池体加水试漏同水试压法。确定池墙不漏水之后,抽出池中水将进出料管口及活动盖严格密封,装上U型水柱气压表,向池内充气,当U型水柱气压表数值升至设计工作气压时停止充气,并关好开关,稳压观察24h。若U型水柱气压表下降数值小于设计工作气压的3%时,可确认为该沼气池的抗渗性能符合要求。

　　浮罩式沼气池,须对贮气浮罩进行气压法检验。

　　浮罩试压:先把浮罩安装好后,在导气管处装上U型水柱气压表,再向浮罩内打气,同时在浮罩外表面刷肥皂水仔细观察浮罩,表面检查是否有漏气。当浮罩上升到设计最大高度时,停止打气,稳定观察24h,U型水柱气压表水柱下降数值小于设计工作气压的3%时,可确认该浮罩的抗渗性能符合要求。

11　沼气池整体工程竣工验收

11.1　沼气池交付使用前应符合GB/T 4750的设计要求,按GB/T 4752施工。

11.2　沼气池工程验收时,应填写(提供)沼气池验收登记表(见表6)。

表6 省　地(市)　县　乡沼气池验收登记表

沼气建池户姓名		施工技术员姓名	
建池户地址		沼气池池型	
开工日期		沼气池容积	
竣工日期		验收日期	
建池材料(水泥、砂、石 等)数量、规格、标号			
建沼气池用户意见 (签字)			

主持验收单位意见(须说明建设技术、质量、材料等是否合格,试压检验结果等):

负责人(签章)

年　月　日

中华人民共和国农业行业标准
秸秆气化供气系统技术条件及验收规范
NY/T443—2001

1、范围

本标准规定了以秸秆为原料的燃气生产和供气系统(以下简称系统)的技术要求、检验规则、验收及运行管理规范。

本标准适用于以秸秆为原料的气化、供气系统。以木质、稻壳等农林废弃物为原料的可参照执行。

2、引用标准

下列标准所包含条文,通过在本标准中引用而构成为本标准的条文。本标准出版时,所示版本均为有效。所有标准都会被修订,使用本标准的各方应探讨使用下列标准最新版的可能性。

GB 151—1999 管壳式换热器

GB 713—1997 锅炉用钢板

GB/T 912—1989 碳素结构钢和低合金结构钢热轧薄板与钢带

GB/T 985—1988 气焊、手工电弧焊及气体保护焊焊缝坡口的基本形式与尺寸

GB/T 8163—1999 输送液体用无缝钢管

GB 8978—1996 污水综合排放标准

GB/T 15558.1—1995 燃气用埋地聚乙烯管材

GB/T 15558.2—1995 燃气用埋地聚乙烯管件

GB 16410—1996 家用燃气灶具

GB/T 12205—1990 人工燃气主组分的化学分析方法

GB/T 12206—1990　城市燃气热值测定方法

GB/T 12208—1990　城市燃气中焦油和灰尘含量的测定

GB/T 12211—1990　城市燃气中硫化氢含量的测定方法

GB 50028—1993　城镇燃气设计规范

GB 50057—1992　建筑物防雷设计规范

GB 50204—1992　混凝土结构工程施工及验收规范

GB J10—1989　混凝土结构设计规范

GB J16—1987　建筑设计防火规范

GB J202—1983　地基及基础工程施工及验收

GB J211—1987　工业锅炉砌筑工程及验收规范

GB J235—1982　工业管道工程施工及验收规范

NY/T 12—1985　生物质燃料发热量测试方法（原GB5186—1985）

HG 20517—1992　钢质低压湿式贮气柜

HGJ 212—1983　金属焊接结构湿式贮气柜施工及验收规则

CJJ 33—1989　城镇燃气输配工程施工及验收规范

JB/T 4735—1997　钢制焊接常压容器

3、定义

本标准采用下列定义

3.1、气化剂　秸秆原料在气化炉内进行气化时所输进的空气、氧、富氧空气、水蒸气等气体介质的总称。

3.2、净化装置　冷却燃气,脱除燃气中的灰尘、焦油、硫化氢等杂质的装置。

3.3、固定床气化　原料在气化炉内形成燃烧反应层并缓慢下移,其速度与气化剂运动速度相比很小,此类气化方式为固定床气化。

3.4、流化床气化　利用流态化原理,使生物质在流化床中发生气反应,产生可燃气体。相对于固定床而言,气化剂对固体原料产生的浮力等于其重力,固体原料可以在床层中随气体介质在流动中完成气化过程,此类气化方式称为流化床气化。

3.5、干馏热解　生物质原料在隔绝空气条件下,受热进行的热分解。

3.6、气化机组　由上料装置、气化炉、净化装置、及配套辅机组成的单元为气化机组。

3.7、气化效率　单位重量秸秆原料转化成气体燃烧完全燃烧时放出的热量与该单位重量秸秆原料的热量之比。

3.8、能量转换率　同一重量的生物质(秸秆)气化或热解后生成的可用产物中能量与原料总能量的百分比。

4、技术条件

4.1、一般要求

4.1.1、秸秆集中供气系统的设计和施工应由具有相应的工程设计资质施工资质的单位承担。

4.1.2、施工人员应有相应专业的上岗资格证。施工应符合安全技术、环境及劳动保护等的有关规定。

4.1.3、气化车间、贮气柜、储料场、生活和办公场区的相对位置应满足防火安全距离,参照 BGJ16 中规定执行。

4.1.4、气化车间内的电气设备、开关、灯具等应符合GB50058 中的规定。

4.1.5、施工过程严格按照设计图纸进行,阶段检验及竣工验收应符合本标准的规定。

4.2、气化机组

4.2.1、机组性能

4.2.1.1、在满足规定的燃气热值情况下,机组每小时产气量应不低于额定值。

4.2.1.2、以秸秆为原料,空气为介质的固定床气化炉的气化效率和流化床、干馏热解式气化床热能转换率应不低于70%,燃气的低位热值应不低于 4600kJ/Nm³,燃气特性按 NY/T12 和 GB12206 规定的方法测定。

4.2.1.3、燃气通过除尘、净化、冷却后,在进入贮气柜前,其温度应不高于 35℃,焦油和灰尘的含量应不大于 50mg/Nm³,测试按 GB/T12208 中的方法进行。

4.2.1.4、正常工况状态下,进入贮气柜的燃气,一氧化碳、氧和硫化氢的含量应分别小于 20%、1% 和 20mg/Nm³,测试按 GB/T12205 和 GB/T12211 规定的方法进行。

4.2.1.5、机组运行时,风机、泵及上料装置等传动机构产生的噪声,应低于 80dB。

4.2.2、机组选型、制造

4.2.2.1、装配后的上料装置应转动灵活、平稳,不得有卡涩、碰撞现象。

4.2.2.2、气化炉炉排:结构上应满足气化剂的均匀分布和灰渣、残碳的顺畅排输要求,材质上应有足够的抗烧损、抗热变形能力。

4.2.2.3、气化炉使用的钢板材质,应按 GB713 的规定选用。炉膛的砌筑及材料应符合 GBJ211 的规定。

4.2.2.4、净化器可采用干、湿式及干湿组合式,如选用湿式净化冷却方式时,净化用水如需对外排放,必须进行处理并达到 GB8978 中规定的排放要求。

4.2.2.5、净化器构件使用的钢板、钢管、法兰、阀门、管件等,应按 GB/T912 及 GB/T8163 的规定选用,制造应符合 GB151 的规定。

4.2.2.6、气化机组的操作手柄、手轮等,应设置在便于操作、维护的位置,手柄、手轮的操作用力不大于 180N。

4.2.2.7、气化机组构件的焊接,应按 GB/T985 和 JB/T4735 的要求进行,焊缝不得有裂纹、气孔、弧坑及夹渣、未焊透等缺陷。

4.2.2.8、燃气排送机应密封良好,无烟气泄漏,其输气量应大于最大产气量,输气压力应大于制气系统的最大阻力、管路沿程阻力和贮气柜的最高压力总和。

4.2.2.9、气化机组应设置下列仪表和安全装置:

a、气化炉出口和燃气排送机出口设置压力监测仪表;

b、净化器出口应设置燃气火焰监测口;

c、水泵出口设置压力表;

d、燃气排送机与贮气柜间设置安全水封;

e、流化床应设自动排灰装置。

4.3、贮气柜

4.3.1、湿式贮气柜设计应符合 HG20517 的规定。贮气柜额定压力应按 4.4.2.3 确定。贮气柜的容积应为日供气量的 0.4～0.6 倍。

4.3.2、贮气柜应配有容积指示标尺和自动安全放气装置,当充气超过上限时能自动放散燃气。

4.3.3、贮气柜进、出管口均需水封装置。在管道最低处应设排水阀。进出口管应固定在管座上,以防止贮气柜地基下沉引起管道变形。

4.3.4、严禁使用以橡胶、塑料制成的柔性贮气柜。

4.3.5、湿式贮气柜水封的液面有效高度应不小于最大工作压力时液面高度的 1.5 倍,在冬季结冰地区应采取防冻措施。

4.3.6、贮气柜防雷设计应符合 GB50057 的规定,按第一类建筑物防雷要求进行设计,接地总电阻应小于 10Ω。

4.3.7、贮气柜应根据其材质、燃气的性质、环境状况选择合适的内外防腐涂层。

4.3.8、半地下式贮气柜钢筋混凝土水槽,除按 GBJ10 规定设计外,还应符合下列要求:

a、采用现浇钢筋混凝土水槽,其地基和结构应具有抗拒不低于 6 级地震的能力;

b、进、出气管阀的井底必须设置排水装置。

4.4、供气管网

4.4.1、供气管网系统的设计

4.4.1.1、本规定适用于压力不大于 5kPa 的单级低压生物质燃气输配系统。

4.4.1.2、农村秸秆燃气供气系统的设计压力和燃气干管的布置,应根据用户的用气量及其分布、地形地貌、村镇规划、管材设备、施工和运行管理等因素,经过多方案比较,选择技术经济合理、安全可靠的方案。

4.4.2、管道计算

4.4.2.1、燃气管道的流量按式(1)计算:

$$Q = K\Sigma Q_n \cdot N \quad \cdots\cdots\cdots\cdots\cdots\cdots (1)$$

式中:Q—燃气主管道的计算流量,m^3/h;

K—相同燃具或相同组合燃具的同时工作系数,K 按总灶具选取;

N—相同燃具或相同组合燃具数;

Q_n—相同燃具或相同组合燃具的额定流量,m^3/ h。

双眼灶同时工作系数见表 1,表 1 中所列的同时工作系数是对于每一用户仅装一台双眼灶,如每一用户装两个单眼灶时,也可参照此表。

表 1 居民生活用的燃气双眼灶同时工作系数(K)

相同燃具数,N	同时工作系数,K	相同燃具数,N	同时工作系数,K
1	1.00	40	0.43
2	1.00	50	0.40
3	1.00	60	0.39
5	0.85	80	0.37
6	0.75	90	0.36
7	0.68	100	0.35
8	0.64	200	0.35
9	0.6	300	0.34
10	0.58	400	0.31
15	0.56	500	0.30
20	0.54	700	0.29
25	0.48	1000	0.28
30	0.45	2000	0.26

4.4.2.2、根据每小时流量,按燃气设计手册要求选择相应管径和确定燃气管道摩擦阻力系数,计算出管道局部阻力,管道摩擦总阻力应增加 5%～10%。

4.4.2.3、根据所选灶具额定压力及管道总阻力损失,确定贮气柜最低出口压力。但贮气柜最大出口压力不得大于

3 342Pa(400mm 水柱)。

4.4.2.4、从贮气柜到最远端用户的燃气管道允许阻力损失可按式(2)计算：

$$\Delta P_d = 0.75 P_n + 150 \quad \cdots\cdots\cdots\cdots\cdots \text{（2）}$$

式中：ΔP_d——从贮气柜到最远端灶具的管道允许阻力损失，Pa；

　　　　P_n——低压燃具的额定压力，Pa。

注：ΔP_d 含室内燃气管道允许阻力损失，室内燃气管道及燃气表的允许阻力损失应不大于 150Pa。

4.4.3、室外燃气管道

4.4.3.1、室外低压燃气管道地上部分应采用钢管，地下可采用钢管、铸铁管或中高密度聚乙烯管。

4.4.3.2、地下燃气管道的干管不得从建筑物或地下构筑物的下面空越。地下燃气管道与建筑物、构筑物基础或相邻管道之间的水平和垂直净距，不应小于表 2 和表 3 的规定。

表 2　地下燃气管道与建筑物、构筑物基础或
相邻管道之间的水平和垂直净距(m)

建筑物基础	给水管	排水管	电力电缆	通讯电缆		电杆(塔)的基础		通信照明电杆(至电杆中心)	街树(至树中心)
				直埋	在导管内	≤35kW	>35kW		
0.7	0.5	1.0	0.5	0.5	1.0	1.0	5.0	1.0	1.2

表 3　地下燃气管道与构筑物或相邻管道之间垂直净距(m)

给、排水管	电缆	
	直　埋	在导管内
0.15	0.50	0.15

4.4.3.3、当地下燃气管道采用中高密度聚乙烯管时,它与供热管之间的水平和垂直净距,按 CJJ63 规定执行。

4.4.3.4、燃气管道穿越主要干道时,需敷设在套管或地沟内,并应符合下列要求:

a、套管直径应比燃气管道直径大 100mm 以上,套管或地沟两端应密封,在重要地段的套管或管沟端部应安装检漏管;

b、套管端部距路堤坡脚距离不应小于 1.0m。

4.4.3.5、在管道的最低处设置集水器,燃气管道坡向集水器的坡度不应小于 0.003。

4.4.3.6、地下燃气管道应埋设在土壤冰冻层以下,但最小覆土厚度应符合下列要求:

a、埋设在车行道下时,不得小于 0.8m;

b、埋设在非车行道下时,不得小于 0.6m;

c、埋设在水田下时,不得小于 0.8m。

4.4.3.7、地下燃气管道的集水器和阀门,均应设置护井或护罩。

4.4.3.8、地下燃气管道的地基应为原土层,凡可能引起不均匀沉降的地段,对其地基应进行处理。

4.4.3.9、地下燃气管道不得在堆积易燃易爆物和具有腐蚀性液体的场地下面穿越,并不得与其他管道或电缆同沟敷设。

4.4.3.10、当燃气管道需要穿越河流或铁轨时,按GB50028规定敷设。

4.4.3.11、严禁在供气管路中直接安装加压设备。

4.4.4、钢质燃气管道的防腐

钢质燃气管道必须进行防腐,应符合GB50028的规定。

4.4.5、室内燃气管道的设计与安装

4.4.5.1、燃气引入管应设置在厨房靠近灶具处,引入管出地面的立管应采用钢管,并牢固固定在墙上,出口距灶具最远距离不得超过1.5m,灶具及引入管严禁安装于卧室。引入管的最小公称直径 $D_n \geqslant 20mm$。

4.4.5.2、燃气引入管穿越建筑物基础,墙或管沟时,均应设置在套管中。

4.4.5.3、套管与供气管两端用沥青、油麻填实,然后用沥青封口。套管尺寸见表4。

表4 套管尺寸(mm)

管道公称直径	15	20	25～32	40	50
套管公称直径	32	40	50	70	80

4.4.5.4、室内管道穿墙时,应置于套管内,套管与墙面平齐;当垂直穿过楼板时,套管高出地面50～100mm,套管与楼板之间应用水泥砂浆填实固定。

4.4.5.5、燃气引入管的阀门需设置在室内。

4.4.5.6、室内燃气管道采用钢管,必须沿墙或梁敷设,管路及燃气表要固定牢固。其固定支点的间距为:立管不应超过1m,水平管不应超过0.8m。

4.4.5.7、室内管道的燃气流量应根据所用灶具的数量、额定流量确定。

4.4.5.8、室内管道和燃气表的压力损失不应大于150Pa。

4.4.5.9、室内管道和电气设备、相邻管道之间的净距不应小于表5的规定。

表5　燃气管道和电气设备、相邻管道之间的净距(cm)

序　号	管道和设备	与燃气管道的净距	
		平行敷设	交叉敷设
1	明装的绝缘电线或电缆	25	10[1]
2	暗装的或放在管子中的绝缘电线	5(指两管的边缘直线距离)	1
3	电压小于1000V的裸露电线的导电部分	100	100
4	配电盘或配电箱	30	不允许
5	相邻管道	应保证便于安装、维护和修理	2

注:1)当明装电线与燃气管道交叉净距小于10cm时,电线应加绝缘套管。绝缘套管的两端应各伸出燃气管道10cm

4.4.5.10、室内燃气管道应设表前阀和灶前阀,并在阀门气流下方向安装活接头。

4.4.5.11、当燃气燃烧设备与燃气管道为软管连接时,应符合下列要求:

a、连接软管的长度不应超过2cm,并不应有接口,连接软管后不得再设阀门;

b、燃气用软管应采用耐油橡胶管或燃气专用管;

c、软管与燃气管道、接头管、燃烧设备的接头处应采用压紧螺帽(锁母)或管卡固定；

d、软管不得穿墙、窗和门。

5、工程施工、安装

5.1、气化机组安装要求

5.1.1、一般规定

5.1.1.1、气化机组的安装，除应符合本规范外，还应符合GBJ235 的规定。

5.1.1.2 气化机组车间基本条件：

a、车间内通风良好，光线充足，房顶应开天窗；

b、操作空间和行走通道内不得堆放其他物品；

c、车间内设有可靠的消防设施。

5.1.2、安装辅助材料

5.1.2.1、材料应符合有关标准及设计图纸的规定。

5.1.2.2、安装所用的钢板、钢管、阀门、管件，必须具有质量合格证书。

5.1.2.3、气化机组的安装

a、将气化炉和净化器安装于基础上，按图纸设计要求找正两者的相对位置，并平整牢固；

b、将燃气排送机按其说明书的要求安装于基础上，并找平固定；

c、将安全水封按图纸位置安放于基础上，液位计安装在便于观察的位置；

d、将气化炉、净化器、燃气排送机及安全水封按图纸要求用钢管连接，管路应布局合理、整齐、美观。与燃气气排送机相连的管道重量负荷不得作用于燃气排送机上，燃气排送机上的排空管应通到室外，气化炉与净化器之间的管路应保温。

5.1.2.4、按图纸连接机组冷却水系统，其管路应布局合理,各阀门应安装在方便开启的位置,室外的管道及管件应进行保温。

5.1.2.5、上料装置的安装按产品说明书中有关内容进行。

5.2、贮气柜的施工阶段验收

5.2.1、一般规定

5.2.1.1、贮气柜的施工除应符合本规定外,钢结构部分还应符合 HGJ212 的规定,半地下式贮气柜的混凝土水槽部分应符合 GB50204 的规定。

5.2.1.2、贮气柜所用的钢材、配件和焊接材料应符合相应标准及图纸要求,并应具有质量合格证或材质复验合格证。

5.2.2、地基、基础施工及验收

5.2.2.1、全钢贮气柜基础的施工验收按 HGJ212—1983 中第 2 章进行。

5.2.2.2、全钢贮气柜底板完成后,应沿底板外缘浇注一圈 10mm 厚沥青。

5.2.3、半地下贮气柜混凝土水槽及基础

5.2.3.1、当半地下贮气柜混凝土水槽地基池坑开挖后,应鉴定地耐力,确定该地基是否满足设计承载力要求,对于一些压缩变形较大、承载能力低,会引起较大的下沉或不均匀沉降的软弱地基,必须对基础进行加固处理。

5.2.3.2、在地下水位较高的地区应尽量选择雨量较少、地下水位较低的枯水季节施工。当无法避开时,应采取必要的排水措施。

5.2.3.3、地基的施工与验收按 GBJ202—1983 中第 3 章相关项目进行。

5.2.4、贮气柜主体制作和验收

5.2.4.1、钢制贮气柜水槽底板、水槽壁、钟罩的制作,导轨、导轮的安装,分别按 HGJ212—1983 中第 4、5、6 章相关项目进行。

5.2.4.2、组焊后的全钢水槽壁,垂直度偏差不应超过总高 1%。

5.2.4.3、钟罩安装的垂直度偏差(立柱处)应小于 1‰钟罩总高。

5.2.4.4、内外导轨垂直度偏差不得超过其高度的 1‰。

5.2.4.5、内外导轨与导轮接触面不应有大于 2mm 的凹凸不平处,导轨检查合格后方可焊接。

5.2.4.6、钟罩顶应成型美观,其凹凸变形在组装焊接完毕,后用样板测量并校正,出现的间隙不应大于 15mm。

5.2.4.7、水槽内导气主管的垂直度偏差不应超过全高的 2‰,钟罩顶上的安全帽和主管对准,其中心偏差不应超过 10mm。

5.2.4.8、半地下式混凝土水槽的施工与验收按 GB50204—1992 中第 2、3、4、7、8 章中相关项目进行。

5.2.4.9、混凝土水槽应采用 C25 防水混凝土,池体内外均用 1:2 水泥砂浆加 2% 防水剂抹面 20mm 厚,刷防水剂三层。

5.2.5、钢制贮气柜及半地下式贮气柜中的所有金属器件在焊接完毕并经检查合格后,需进行防腐工作。具体方法见附录 A(标准的附录)。

5.2.6、贮气柜下配重块及上配重块的制作

5.2.6.1、下配重块可采用 C10 混凝土现浇,浇注应一次完成;也可采用预制混凝土块或青石块,在钟罩下环上对称均匀摆放并调整平衡。

5.2.6.2、上配重块可采用 C10 混凝土预制,数量由管网的设计压力决定。摆放上配重块时,应沿钟罩顶圆围均匀布置。

5.3、供气管网系统的施工

5.3.1、管网系统的施工除应符合图纸和本标准要求外,还应符合 CJJ63、CJJ33、GB15558.1、GB15558.2 的规定。

5.3.2、管沟开槽

5.3.2.1、管道沟槽应按设计所确定的管位及埋深开挖,管道的地基应为原土层,防止超挖造成管基扰动,凡可能引起不均匀沉降的地段,如为松散软土或人工回填土时,应预留适当厚度土层,铺管前夯实达沟底设计标高。

5.3.2.2、有地下水地段的沟槽,可采用边沟排水,结合使用抽水装置进行施工。

5.3.2.3 当槽底是粘土泥浆时,应将泥浆挖出至设计标高以下 200mm,然后用砂填实,并夯实达设计标高。

5.3.2.4、沟槽深度与设计标高偏差应小于 20mm,沟槽水平中心线偏差小于 50mm,管沟中心线坡度及坡向应符合设计规定,在施工过程中应用水平尺或水准仪对坡度进行检测。

5.3.2.5、沟槽开挖后,在下管前,应分段按设计要求对管基沟底标高、宽度、坡度、坡向进行检查和验收。

5.3.3、聚乙烯管的安装

5.3.3.1、聚乙烯管在安装之前必须严格检查是否存在折裂、凹槽、深度擦伤及其他缺陷,损坏部分应切除,并将其内部清理干净,不得存有杂物;安装过程中,每次收工时应将管口临时封堵。

5.3.3.2、在进行最后管段连接之前,应使管材温度冷至土壤温度,避免由温度变化而引起聚乙烯管道收缩。下管时,应避免施加过大的拉力和弯矩。

5.3.3.3、聚乙烯管的切口与管中心线应垂直,切口上不应有毛刺和锯屑。

5.3.3.4、聚乙烯管的连接采用承插热熔式连接或承插胶粘式连接。承插胶粘连接具体操作方法见附录 B(标准的附录)

5.3.4、管沟回填

5.3.4.1、管路铺设后,管道两侧及管顶以上 0.5m 以内应立即回填细砂或细土,但留出接口部分。回填土内不得有碎石砖块,管道两侧应同时回填,以防管道中心线偏移,回填土需用木夯实。

5.3.4.2、管道气密性试验合格后及时回填其余部分,若沟槽内有积水,应排干后回填。

5.3.4.3、机械夯实时,分层厚度不大于 0.3m;人工夯实时,分层厚度不大于 0.2m。管顶以上填土夯实高度达 1.5m 以上,方可使用碾压机械。

5.3.4.4、穿过耕地的沟槽,管顶以上部分的回填土可不夯实,覆土高度应较原地面高出 40mm。

5.4、燃气表、灶具的安装及厨房通风

5.4.1、燃气用户应单独设置燃气表。

5.4.2、燃气表的安装位置,应符合下列要求:

5.4.2.1、应安装在室内通风良好的非燃结构处,不允许安装在卧室、浴室、危险品和易燃物堆放处。

5.4.2.2、燃气表的工作环境温度应高于 0℃。

5.4.2.3、燃气表的安装应满足抄表、检修、保养和安全使用的要求,当燃气表安装在灶具上方时,燃气表与燃气灶具的水平高度不得小于 0.5m。

5.4.2.4、生物质燃气专用灶具在 0.75 倍额定压力下应满足炊事要求,在 1.5 倍额定压力下不应产生黄焰。

5.4.2.5、燃气灶的安装应符合下列要求:

a、安装燃气灶的厨房应保持通风良好;

b、燃气灶与周边家具的净距离不得小于 0.6m,与对面墙之间应有不小于 1m 的通道。

5.4.3、厨房的通风

5.4.3.1、居民住宅厨房内应安装排气扇或抽油烟机。

5.4.3.2、居民住宅厨房内宜设一氧化碳安全报警装置。

6、试验方法

6.1、气化机组试验及阶段验收

气化炉及净化器试验应符合标准及所引用标准的规定。

6.1.1、试验准备工作

试验所使用的仪表及设备在试验前都应经过检验合格。试验前应全面检查气化机组各部件和辅机,如有泄漏等不正常现象应予排除。正式试验前应进行 1~2 次预备性试验。

6.1.2、试验要求

a、正式试验应在气化机组调整达到正常和热工况稳定后进行。热工况稳定时间应自冷态点火开始后不少于 1h;

b、试验期间应保持产气量稳定;

c、试验开始和结束时,应保持气化炉内原料在相同位置;

d、两次试验气化效率之差应不大于 4%;

e、每次试验的持续时间应不小于 1h。取两次试验气化效率的算术平均值为机组气化效率。

6.1.2.1 气化炉下段夹套炉体及净化器的冷却部分组焊后,焊缝经外观检验合格后按图纸要求做夹套内的水压试验,试表压力为 0.2MPa。试验时,压力应缓慢上升,达到规定压力后,保持 30min,并检查所有焊缝和连接部位是否有渗漏。

6.1.2.2、气化炉的非夹套部分和炉体其他需要密闭的部件以及净化器的其余部件应做煤油渗漏试验,试验方法按 JB/T4735 的要求进行。

6.1.2.3、净化器组装完成经外观检查合格后,应对整台设备进行气密性实验,试验时关紧各密封门及灰门,正角连接测试设备。缓慢充气至表压力 0.02MPa,关闭气源后压力保持 30min 不下降为合格。

6.2、贮气柜的试验

6.2.1、贮气柜的总体试验与验收按 HGJ212—1983 中第 10 章进行。

6.2.2、贮气柜水槽应进行注水检漏试验,试验时间应大于 24h。

6.2.3、钟罩气密性试验

6.2.3.1、在贮气柜出口处安装 U 型水柱压力计,入口处安装充气泵,并关闭进出口阀门。

6.2.3.2、向贮气柜内充入空气,使压力大于或等于额定工作压力,并保持 24h,压力降低不得超过 10mm

6.2.3.3、钟罩升降试验,至少 3 次,升降速度不得超过 1.6m/s,升降过程中应无卡、涩现象。

6.2.3.4、贮气柜钟罩升高至设计高度时,如指示压力与设计压力偏差超过额定值的±10%时,需对配重进行调整。

6.3、供气管网系统的验收

6.3.1、供气管网系统的吹扫

6.3.1.1、供气管网系统安装合格后进行分段吹扫,吹扫口位置选择在允许排放污水、污物的较空旷地段,且不应危及所在地区人、物的安全,吹扫口周围 10m 范围内严禁烟火。

6.3.1.2、吹扫口应安装临时控制阀门,吹扫口中心线应偏离垂直线 30°角朝空安装,且高出管沟沟顶 200mm。

6.3.1.3、连接吹扫口的主管及控制阀门应牢固稳定,以防吹扫时管道折断。

6.3.1.4、吹扫工作应在白天进行,其程序是先干管后支管,并选择最远用户端作为放散点。

6.3.2、供气管网系统的气密性试验

6.3.2.1、试验管段为从贮气柜出口至用户内燃气表前总阀的管段,包括阀门、集水井及其他管道附件。

6.3.2.2、气密性试验用空气作为介质,并待管道内空气温度与周围土壤温度一致后方可进行。

6.3.2.3、试验前应检查试压设备、连接管、管件和集水器开口处,确保系统的气密性,并检查管道端头的堵板、弯头、三通等处支撑的牢固性。

6.3.2.4、试验压力为 19.6kPa(0.2kg/cm^2),压力表须经校验,精度不低于 1.5 级,表的满刻度为被测压力的 1.5~2 倍。

6.3.2.5、气密性试验时间应大于 24h。

6.3.2.6、试验时间内,压力降小于式(3)、式(4)、式(5)计算值为合格。

对单管径:

$$\Delta P = \frac{6.5T}{d} \quad\text{……………………}(3)$$

对不同管径:

$$\Delta P = \frac{6.5T(d_1 L_1 + d_2 L_2 + \cdots\cdots d_n L_n)}{d_1{}^2 L_1 + d_n{}^2 L_2 + \cdots\cdots d_n{}^2 L_n} \quad\text{………}(4)$$

式中：ΔP—试验时间内压降，kPa；

T—试验时间，h；

d—管道内径，mm；

$L_1,L_2\cdots\cdots L_n$——各管段长度，m；

$d_1,d_2\cdots\cdots d_n$——各管段内径，mm。

采用式(5)校正大气压力：

$$\Delta P=(H_1+B_1)-(H_2+B_2)\cdots\cdots\cdots\cdots (5)$$

式中：H_1,H_2——试验开始与结束时压力表读数，kPa；

B_1,B_2——试验开始与结束时大气压力，kPa。

6.3.2.7、户内管路及灶具气密性

管网气密性试验合格后，将压力降至常压，打开户内燃气表前总阀，用3kPa的压力对燃气表前总阀到灶具阀门前的管道系统及灶具进行气密性试验，观测10min压力不下降为合格。

6.3.2.8、灶具热效率检验按 GB16410—1996 中 6.14.1进行。

7、验收规范

7.1、验收总规

7.1.1、秸秆气化供气系统的设计施工、安装、阶段检验及竣工验收应符合本验收规范的规定，施工应严格按照设计图纸要求进行，施工过程中如需改动图纸，须经设计单位的同意，并签署有关意见。

7.1.2、气化炉、净化器、贮气柜、管网及附属设备的安装、施工应符合本标准和相关规定。

7.1.3、气化供气系统的设计应由有设计资质的单位承担。

7.1.4、气化供气系统的施工应由具有相应工程施工资质的单位及具有劳动管理部门颁发的上岗操作证的人员进行。

7.1.5、贮气柜及管网必须按质量要求施工，并提交阶段性验收报告及现场施工记录。

7.2、气化机组的验收

7.2.1、先按照工艺流程图检查各部分的连接是否正确、紧固，电动设备的接线是否正确，按说明书中要求逐级试运行。

7.2.2、在空负荷状况下试运转燃气排送机，对照产品说明书检查运转情况。

7.2.3、开启循环泵，检查机组冷却水系统工作状况。

7.2.4、启动上料机，在正常工作的状况下，投料试运行，检查上料机构运转状况。

7.2.5、对气化机组管路供气系统的各运动部件检验完成后，按以下要求对燃气管路及贮气柜进行气密性验收，分别对气化炉出口至燃气排送机入口和燃气排送机出口至贮气柜入口两段管路进行抽查试验。

a、试验压力为 20kPa，压力表的满刻度为被测压力的 1.5～2 倍，精度不低于 1.5 级。关闭排液口等阀门，安全水封器内不加水；

b、试验介质为空气或惰性气体，使压力慢慢升高至试验压力，经 20min 压力表读数不下降为气密性试验合格。

7.3、贮气柜的验收

7.3.1、贮气柜升降机构检验按 6.2 进行，如升降不平稳，有卡、涩、抖动等现象发生时为不合格。

7.3.2、贮气柜输出压力检验按 6.2 进行，贮气柜出口处的燃气压力超出设计指标±10％时为不合格。

7.3.3、贮气柜容积检验，充气至贮气柜最大容量，在保证额定压力的状况下,然后排放气体至压力开始下降到小于正常值的±5%为止,实测容量应达到设计标准为合格,低于设计值的5%为不合格。

7.3.4、避雷器的验收,符合 GB50057 要求的为合格。

7.4、管网系统的验收

7.4.1、主管网的气密性抽查试验按 6.3.2 进行,经检验无泄漏为合格。

7.4.2、户内管道系统气密性抽查试验按 6.3.2.7 进行,抽查数量为总用户的 10%,有一户不合格,则判整个户内管道系统为不合格。

7.4.3、灶前压力检验,用 U 型水柱压力计,选择最远和最近点各一户进行抽测,达到设计要求为合格。

7.5、秸秆气化供气统运行参数验收

7.5.1、燃气产量大于等于设计要求为合格。

7.5.2、气化效率和能量转换率大于等于 70% 为合格。

7.5.3、燃气低位热值大于 4600kJ/Nm³ 为合格。

7.5.4、气化机组正常工况下的噪声小于 80dB 为合格。

7.5.5、燃气中一氧化碳含量小于 20% 为合格。

7.5.6、燃气中硫化氢含量小于 20mg/Nm³ 为合格。

7.5.7、燃气中氧含量小于 1.0% 为合格。

7.5.8、燃气中焦油和灰尘含量小于 50mg/Nm³ 为合格。

7.5.9、气化车间内一氧化碳含量小于 3mg/Nm³ 为合格。

7.5.10、灶具热效率应大于 55% 为合格。

7.5.11、气化供气系统施工验收合格后,施工单位应提交以下资料;

a、开工报告;

b、设备、材料出厂合格证,材质证明书,以及代用材料说明书或检验报告;

c、各种测试记录;

d、设计变更通知单;

e、气化机组的安装验收记录,包括:

1、电动设备转动情况记录;

2、燃气排送机空负荷运转试验记录;

3、冷却水系统循环试验记录;

4、上料装置上料试验记录;

5、燃气管路气密性及强度试验记录。

f、贮气柜的施工验收记录,包括:

1、贮气柜底板气密性试验记录;

2、贮气柜焊缝的检查记录,水槽壁焊缝的无损探伤记录;

3、贮气柜总体试验记录;

4、基础沉陷观测记录。

g、供气系统及附件的施工验收记录,包括:

1、供气管网安装记录;

2、隐蔽工程验收记录;

3、供气管网气密性试验记录。

h、其他应有的资料。

7.6、秸秆气化供气系统合格的判定。

7.6.1、不合格项目分类:被检测的项目凡不符合本标准7.1～7.5 要求的均称不合格,按其对系统质量的程度分为A、B、C 三类,不合格分类见表6。

表6 不合格分类

不合格分类			内　　容
类	项	条	
A	1	7.2.5	贮气柜的气密性抽查试验
	2	7.3.1	贮气柜升降机构
	3	7.3.4	避雷器接地电阻
	4	7.4.1	主管网的气密性检验
	5	7.5.8	燃气中焦油和灰尘含量
	6	7.5.9	气化站内一氧化碳含量
B	1	7.4.2	户内管道系统气密性
	2	7.4.3	灶前压力检验
	3	7.5.2	气化效率、热量转换率
	4	7.5.4	噪声
	5	7.5.6	硫化氢含量
	6	7.5.7	燃气中氧含量
	7	7.5.10	灶具热效率
C	1	7.1.1	施工应严格按照设计图纸要求进行
	2	7.1.3	设计资质
	3	7.1.4	工程施工资质、上岗操作证
	4	7.1.5	阶段性验收报告
	5	7.2.2	燃气排送机运转情况
	6	7.2.3	机组冷却水系统
	7	7.2.4	上料机构运转状况
	8	7.3.2	贮气柜输出压力
	9	7.3.3	贮气柜容积

不合格分类			内　　容
类	项	条	
	10	7.5.1	燃气产量
	11	7.5.3	燃气低位热值
C	12	7.5.5	燃气中一氧化碳含量
	13	7.5.11	气化供气系统施工记录
	14	8	标志

7.6.2、判定规则及复检规则

7.6.2.1、采用逐项考核,按类判定,以不合格分类表中各组达到的最低合格要求进行判定。

7.6.2.2、气化供气系统其中有一项 A 类不合格或两项 B 类不合格、或有三项 C 类不合格时,判该系统不合格。

7.6.2.3、气化供气系统中 B 类加 C 类不合格项超过三项时,判该系统不合格。

7.6.2.4、如该系统不合格项未达到判定合格要求时,允许复验,但每项复验不允许超过两次。

7.6.2.5、验收报告格式见附录 C(标准的附录)。

8、标志

生物质气化集中供气设备均应在明显位置装有固定的名牌,其内容应包括:

a、产品名称和型号;

b、产品主要性能及参数;

c、制造日期和产品编号;

d、制造厂名称。

9、秸秆气化供气系统运行管理规范

秸秆气化供气系统运行管理规范具体要求见附录D(标准的附录)。

附录 A
贮气柜的防腐

A1、贮气柜防腐工序

A1.1、贮气柜的所有金属构件,在焊接完毕、并检验合格后,进行防腐工作。

A1.2、在喷涂防锈漆前,应先对金属表面的油污及铁锈进行处理。

A1.3、水槽底板上表面的防锈应在底板焊缝严密性试验合格后进行。杯圈内外表面的防腐应在充水试漏合格后进行。进气管的内外表面防腐应在安装前进行。钟罩内表面应在水槽注水试验前完成,钟罩外表面在安装期间只刷底漆并应留出焊缝,待气密性试验合格后补刷油漆。

A1.4、贮气柜各构件中相互重叠的表面,其防腐工作应配合施工工序及时进行,以免事后无法涂刷防腐漆。

A1.5、涂料选用氯磺化聚乙烯橡胶涂料和 HY 环氧系列防腐涂料。

A2、防腐施工要点

A2.1、HY-501 环氧红丹底漆,对经过除锈后的钢板附着力强,抗渗性能好,可作为底漆用于贮气柜内外表面。

A2.2、HY-503 环氧煤沥青面漆,具有耐水性和抗细菌侵蚀性,且附着力较强,可用于贮气柜水槽和钟罩的内外表面。

A2.3、HY-503 绿色环氧水线漆,具有抗紫外线和耐候性能,可作为面漆用于贮气柜的外表面。

A2.4、面漆涂刷时每层厚度约 0.04mm。

A2.5、HY 环氧系列涂料均可采用 651 号聚醋胺树脂固化剂,按使用说明配制,充分混合均匀后方可使用。

A2.6、涂刷第二遍涂料时,要待前一遍完全干透后进行,保证涂料使用说明中规定的时间间隔操作。

A2.7、面漆应不少于三遍,沿海地区不少于五遍。

附录 B

聚乙烯管承插胶粘连接

B1、等直径塑料管采用直接承插时,将管子的一端放在 130～140℃ 的油浴中或炉温为 170～180℃ 的加热炉中进行均匀加热,然后用一根一头削尖的圆木(外径等于管外径)插入管中使其扩大成承口(承口长度约为管道外径的 1.5～2.5 倍),再迅速将另一根管端涂有粘接剂的管子插入承口内,当温度降至环境温度,接头即固化牢固。

B2、当采用成品塑料管件如直通、三通、弯头时,塑料即为承口,塑料管为插口,在插口的外缘涂上较厚的粘接剂,承口上涂较薄的粘接剂,然后将塑料管材迅速插入承口,转动至双方紧密接触为止。

B3、当采用钢、铜制管件代替塑料管件时,将钢、铜制管件作为插口,其外表面应除锈、打磨平滑,涂好粘接剂,再按上述方法将塑料管一端扩为承口,将插口插入承口,待冷却固化。管沟回填前应对钢制管件进行防腐处理。

附录 C

气化供气系统验收报告

秸秆气化供气系统验收报告

气化供气系统名称				使用单位		
设计单位				施工单位		
验收日期		年　月　日	单位	设计指标	检测结果	合格/不合格
气化机组	额定产气量		m³/h			
	气化效率		%	≥70		
	热量转换率		%	≥70		
	燃气排送机运转情况					
	机组冷却水系统					
	上料机构运转状况					
贮气柜	气密性					
	升降机构					
	输出压力		Pa			
	容积		m³			
燃气	焦油和灰尘含量		mg/Nm³	<50		
	氧含量		%	<1		
	燃气热值		kJ/Nm³	≥4600		
	硫化氢含量		mg/Nm³	<20		
	燃气中一氧化碳含量		%	<20		

管网及灶具	主管网气密性		
	主管路阶段性验收报告		
	是否按图纸施工		
	户内管路气密性		
	灶前压力	Pa	
其他	避雷器接地电阻	Ω	<10
	气化车间内一氧化碳含量	mg/m³	<3.0
	噪声	dB	<80
	设计资质		
	施工资质、上岗证		
	按图施工		
	施工记录		
	阶段性验收报告		
	标志		

类	A		B		C	
验收结果	合格项数	不合格项数	合格项数	不合格项数	合格项数	不合格项数

评审意见	合格结论：	不合格结论：

评审部门：

评审人员：

附录 D
秸秆气化供气系统运行管理规范

D1、秸秆气化系统运行管理总体要求

D1.1、秸秆气化系统的运行，应由专职人员管理，接受过专业技术培训，经考试合格后方可上岗操作。

D1.2、秸秆气化系统中重要部位的水、电、燃气的开关、阀门应加警示牌，以防非工作人员的误动造成事故。

D1.3、岗位操作规程和管理规章制度应置于工作现场醒目位置，以便随时提醒、引起操作人员注意。

D1.4、工作现场应有醒目的"禁止烟火"标志，并配备防火、防爆救助工具。

D2、原料场的管理

D2.1、原料应按类别及工序要求堆放整齐，并能防雨、雪、风的侵害。

D2.2、为保证燃气质量，生物质原料中应保证无碎石、铁屑、砂土等杂质，无霉变，水分≤18％。

D2.3、应定时巡查原料场，发现火灾隐患及时处理，保持原料场消防车道的畅通和消防工具完备有效，并禁止在周围地区燃放鞭炮。

D3、设备维护及安全管理

D3.1、气化机组的日常维护应严格遵照管理规章制度进行，做好维护记录，存入档案备查。

a、气化炉内的残余物厚度达到约400mm时应进行清理；

b、净化器中的过滤填料应按照产品说明中的规定时间更换；

c、生物质气化系统中的各种仪表应定期校验(用比对方法)。

D3.2、贮气柜日常维护：

a、定期检查水位，当水位下降到正常位置以下时，应及时补充；

b、运行导轨油杯每月加润滑油一次；

c、贮气柜避雷系统的接地电阻应每半年测试一次；

d、每两年进行一次全面的防锈处理，并对升降机构检修。

D3.3、在北方地区，冬季运行时要注意防冻，停止运行时，应放空机组内的存水，对外排放水质需达标。

D3.4、安全管理：

a、设备运行时，禁止在机房内和原料场施焊或进行其他明火作业，如必须进行时需停机后，在有人监护的情况下进行；

b、贮气柜进行气体置换时，放散口严禁站人；

c、定期检查消防器材是否完好。

D4、燃气输送管网的维护

D4.1、管网的维护应由专职人员进行。

D4.1.1、日常维护与安全管理。

D4.1.2、燃气输送管网的日常维护应严格遵照管理规章制度进行，做好维护记录，存入档案备查。

D4.1.3、定期对管网、阀门及附属设备进行巡查，对重点地段应做到经常巡查，发现问题及时处理。

D4.1.4、阻火器内的填料应每半年更换一次。

D4.1.5、进入集水井及其他井室作业时，必须先通风30min，应至少有两人在场，一人作业，一人监护，并且采取必要的安全防护措施。

D4.1.6、管网进行吹扫工作时,吹扫管周围 10m 范围内严禁烟火。

D5、户内系统的维护

D5.1、燃气用户应遵守燃气安全使用规程,使用前,用户应学习安全用气基本知识,掌握正确使用燃气灶具的方法。

D5.2、户内用气系统发生故障时,必须及时通知专职管理人员进行检修,用户不得私自增、改、移、拆燃气设备。

D5.3、严禁在卧室内使用灶具,使用燃气的厨房应保持通风良好。

D5.4、户内系统的维护与故障处理

D5.4.1、户内用气系统应每年检修一次。

D5.4.2、户内用气系统的日常维护工作包括:

a、每三个月对户内管路、阀门、灶具、燃气表进行巡查一次,发现故障及时检修;

b、检查燃气表运转是否正常;

c、检查灶具燃烧是否正常。

中华人民共和国农业部 2001－06－01 批准,2001－10－01 实施

中华人民共和国国家标准

风力发电机组 型式与基本参数

本标准适用于额定功率 10kW 以内(包括 10kW)的风力发电机组。

1、型式 按机组的主机——风力机的结构,分为两种形式:

a——水平轴风力发电机组;

b——垂直轴风力发电机组。

2、基本参数

2.1、机组额定功率:0.05,0.1,0.2,0.3,0.5,1.0,2.0,3.0,5.0,7.5,10kW。

2.2、推荐风轮直径:1.6,2.0,2.5,3.0,3.5,4.0,4.5,5.0,6.0,7.0,8.0,10.0,12.0m。

2.3、推荐额定风速:6,7,8,10,12m/s。

注:额定风速为 6m/s 的风力发电机组的额定功率不得大于 0.5kW

2.4、切入风速

额定风速,m/s	6	7	8	13	12
切入风速,m/s≤	3.5	3.7	4	4.5	5.0

2.5、机组输出电压与频率:

2.5.1、直流输出电压:12,24,36,115,230W。

2.5.2、交流输出电压:230/400W。

2.5.3、交流输出频率:50Hz。

中华人民共和国国家标准

小型风力发电机技术条件　GB10760.1—89

1、主题内容与适用范围

本标准规定了风轮直接驱动的充电型小型风力发电机的产品品种基本参数、技术要求、检验规则、试验方法以及标志和包装的要求。

本标准适用于风轮直接驱动的充电型小型风力发电机（以下简称发电机）。

2、引用标准

GB 191　　包装储运图示标志

GB 755　　旋转电机基本技术要求

GB 997　　电机结构及安装型式代号

GB 1029　　三相同步电机试验方法

GB 1993　　电机冷却方法

GB 2423.16　　电工电子产品基本环境试验规程　　试验J：长霉试验方法

GB 2423.17　　电工电子产品基本环境试验规程　　试验Ka：盐雾试验方法

GB 4772.1　　电机尺寸及公差　机座号 36～400 凸缘号FF55～FF1080 或 FT55～FT1080 的电机

GB 4942.1　　电机外壳防护分级

3、产品品种及基本参数

3.1、发电机应按下列额定功率制造 50,100,200,300,500,1000W。

3.2、发电机功率与额定转速、电压的对应关系按表 1 规定。

表 1

功率,W	转速,r/min		电压,V	
50	600		14	(28)
100	400	640	28	(14)
200	400	540	28	42
300	300	400	28	42
500	360		(56)	115
1000	240	450	115	230

注:发电机额定电压指发电机在额定工况下运行,其端子电压为整流后并扣
除连接线压降的直流输出电压,应优先采用不带括号者,连接线的长度
与直径按本标准 6.7 条的规定

3.3、发电机的安装尺寸(见图 1)及其公差应符合表 2 的
规定,其他结构安装形式的安装尺寸应由制造厂在企业标准
中规定。

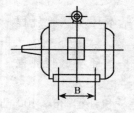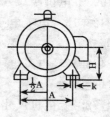

图 1

表 2 （mm）

功率 W	安装尺寸及公差								
	A	$\frac{1}{2}$A		B	K			螺栓	H
	基本尺寸	基本尺寸	极限偏差	基本尺寸	基本尺寸	极限偏差	位置度公差		基本尺寸
50	125	62.5	$\varphi0.5$	60	12	+0.43	$\varphi1.0$	M10	80
100,200	140	70		80					90
200,300	160	80			15		$\varphi1.5$	M12	100
300,500	190	95	$\varphi0.75$						112
500	216	108		100					132
1000	254	127		178	19	+0.52		M16	160

3.4、发电机轴伸采用锥度为 1:10 的圆锥形轴伸。可按图 2 所示的 A 型或 B 型制造。尺寸应符合表 3 规定。

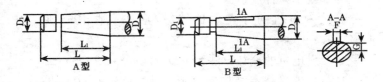

图 2

表 3 （mm）

功率W	D 基本尺寸	L 不小于	L1 基本尺寸	极限偏差	D₁	F 基本尺寸	极限偏差	G 基本尺寸	极限偏差
50	20	50	36	±0.31	M12×1.25-h6	4	0	6.6	0
100,200	25	60	42		M16×1.5-h6	5	-0.030	8.4	-0.10
200,300	30	80	58	±0.37	M20×1.5-h6			12.5	
300	35					6			
500	40	110	82	±0.43	M24×2-h6	10	0 -0.036	12.9	0
1000	45				M30×2-h6	12	0 -0.043	15.4	-0.20

4、技术要求

发电机应符合本技术条件的要求，并按经一定程序批准的图样和技术条件制造。

4.1、发电机的外壳防护等级为 IP44 或 IP54 见（GB 4942.1）。

4.2、发电机的冷却方法为 IC0041（见 GB 1993）

4.3、发电机基本结构安装形式为 IMB3 见（GB887），也可根据需要制成其他安装形式。

4.4、发电机轴伸长度二分之一处的圆跳动公差应符合表 4 的规定。

表 4 （mm）

轴伸直径	20	25	30	35	40	45
圆跳动公差		0.04			0.05	

4.5、发电机底脚支承面的平面度和发电机轴线对底脚支承面的平行度公差应符合 GB 4772.1 的规定。

4.6、发电机表面的油漆应干燥完整、无污损、碰坏、裂痕等现象。

4.7、发电机转动时应平稳、轻快,无停滞现象。

4.8、发电机的定额是以连续工作制（S1）为基准的连续定额。

4.9、发电机在下列条件下应能正常运行。

4.9.1、发电机在下列海拔和环境空气温度条件下应能额定运行：

a、海拔不超过 1000m；

b、运行地点的环境空气温度不超过 40℃,不低于 —15℃,根据需要也可不低于—25℃或—40℃。

4.9.2、当运行地点的海拔和环境空气温度与上述规定不符时,执行 GB755 的规定。

4.9.3、运行地点最湿月月平均最高相对温度为 90％,同时该月月平均最低温度不高于 25℃。

4.9.4、其他运行条件由制造厂与用户协商。

4.9.10、发电机在额定运行时,其直流输出效应 n 的保证值应符合表 5 的规定,效率容差为 $-0.15(1-n)$。

表 5

功率 W	50	100	200	300	500	1000
效率 n(%)	56	60	66	66	68	72

注:效率用直接法确定(冷却空气温度应换算到 25℃)

4.11、发电机应能承受短路机械强度试验而不发生损坏及有害变形,试验应在当电机空载转速为额定转速时进行,在交流侧短路,短路应历时 3s。

4.12、发电机正常工作转速为 65%~150%额定转速。

4.12.1、在额定转速下,发电机的空载电压应不低于额定电压。

4.12.2、当发电机在额定电压并输出额定电压功率时,其转速应不大于 105%额定转速。

4.12.3、在 105%额定转速下,发电机在额定电压下应能过载运行 2min。

4.13、发电机在空载情况下,应能承受 2 倍额定转速,历时 2min。转子结构应不发生损坏及有害变形。

4.14、发电机各绕组采用 E 级或 B 级绝缘,当海拔和环境空气温度符合第 4.9 条规定时,各绕组的温升(电阻法)应分别不超过 75K 和 80K。轴承的温度(温度计法)应不超过 95℃,如试验地点的海拔或环境空气最低温度与本标准 4.9.1 条的规定不同时,温升限值应按 GB755 修正。

4.15、发电机在规定的环境空气最低温度下运行时,塑料件、橡胶件、金属件等均应无断裂现象。

4.16、发电机各绕组的热态绝缘电阻应不低于 0.23MΩ。防潮试验后发电机绕组绝缘电阻应不低于 0.23MΩ。

4.17、发电机的起动阻力矩应符合表 6 的规定。

表 6

功率 W	50	100	200	300	500	1000
最大起动阻力矩 N·m	0.20	0.30	0.35	0.5	1.2	1.5

4.18、发电机各绕组应能承受 1min 的耐电压试验而不发生击穿。试验电压的频率为 50Hz，波形尽可能接近正弦波，试验电压的有效值对功率小于 1kW 且额定电压低于 100V 的发电机为 500V 加 2 倍额定电压，其余为 1500V。

注：半导体器件不做此项试验

5、检验规则

5.1、每台发电机须经检验合格后才能出厂，并应附有产品合格证。

5.2、每台发电机应经过检查试验，检查试验项目包括：

a、机械检查，其中包括：转动检查，外观检查，安装尺寸检查，发电机轴伸圆跳动检查和轴线对应脚支承面平行度及脚支承面的平面度检查；

b、各独立电路对机壳及其相互间绝缘电阻的测定（检查试验时可测量冷态绝缘电阻，但应保证热态绝缘电阻不低于本标准第 4.8 条的规定）；

c、绕组在实际冷态下直流电阻的测定；

d、空载特性的测定；

e、发电机输出功率的测定；

f、超速试验；

g、耐电压试验；

h、起动阻力矩测定。

5.3、凡遇到下列情况之一者，必须进行型式试验：

a、新产品试制完成时；

b、发电机设计或工艺材料上的变更足以引起某些特性和参数发生变化时；

c、当检查试验结果和以前进行的型式试验结果发生不可容许的偏差时；

d、成批生产的发电机的定期抽试，每年至少一次，型式试验每次至少两台，在试验中如有一项不合格，则应在同一批发电机中另抽加倍的数量对该项重试，如仍有不合格时，该批发电机必须对该项进行逐台试验。

5.4、发电机的型式试验项目包括：

a、检查试验的全部项目；

b、温升试验及热态绝缘电阻的测定；

c、效率的测定；

d、短路机械强度试验；

e、不同转速下，发电机的输出功率曲线的测定；

f、不同转速下，发电机的效率曲线的测定；

g、防潮试验；

h、防霉试验（仅对有此项要求的发电机）；

i、防盐雾试验（仅对有此项要求的发电机）；

j、低温试验；

k、外壳防护等级试验。

注：g、h、i、j、k项仅在新产品试制完成时或当设计或工艺材料上的变更足以引起某些特性和参数发生变化时进行

6、试验方法

6.1、绕组对机壳绝缘电阻的测定　按 GB1029 的规定进行，试验前必须将整流元件可靠短接或断开，以免损坏。

6.2、绕组在实际冷态下直流电阻的测定　按 GB1029 的规定进行。

6.3、超速试验　参照 GB1029 规定的方法进行。

6.4、耐电压试验　参照 GB1029 的规定进行,试验前必须将整流元件可靠短接或断开,以免损坏。

6.5、温升试验及热态绝缘电阻的测定　按 GB1029 的规定进行。

6.6、短路机械强度试验参照 GB1029 的规定进行,试验前必须将整流元件可靠短接断开,以免损坏。

6.7、效率测定

效率测定采用直接法。发电机在额定电压、额定功率下运行,此时发电机转速应不大于 110% 额定转速,当各部分温度基本上达到稳定以后,测定发电机输入功率、直流输出功率、电流、绕组热态电阻以及冷却空气温度。

将绕组的损耗按式(1)换算到冷却空气温度为 25℃ 时数值。

$$(I_i{}^2 R_1)_{25} = \frac{235 + \Delta Q_1 + 25}{235 + \Delta Q_1 + t_0} \times (I_i{}^2 R_1) \quad\cdots\cdots\cdots (1)$$

式中:ΔQ_i——绕组的温升值,K;

I_i——发电机输出电流,A;

R_i——绕组热态电阻,Ω;

t_0——冷却空气温度,℃。

换算到冷却空气温度为 25℃ 时的发电机效率 n 按式(2)计算:

$$n = \frac{P_2{}'}{P_1} \times 100\% \quad\cdots\cdots\cdots\cdots\cdots (2)$$

$$P_2{}' = P_2 - (I_i{}^2 R_1)_{25} + (I_i{}^2 R_1) \quad\cdots\cdots\cdots (3)$$

式中:P_1——发电机输入功率,W;

$P_2{}'$——换算后的发电机输出功率,W;

P_2——发电机直流输出功率,W。

6.8、不同工作转速下发电机空载电压的测定

发电机在 65%、80%、100%、120% 额定转速下空载运行,用电磁式电压表测量发电机空载整流后的直流电压。

6.9、发电机输功率的测定 发电机输出端用本标准 6.7 条规定的连接线连接,并经整流后加电阻负载,保持发电机的电压为额定电压,当发电机的输出功率为额定值时,其转速应符合 4.12.2 条的规定。

6.10、超导动阻力矩的测定

发电机轴伸上固定安装一已知直径的圆盘,在圆盘的切线方向加力,读出圆盘开始转动时所加力的读数,转动圆盘一周,其最大读数与圆盘半径和乘积即为起动阻力矩。一周的测点应不少于 3 点。

6.11、输出功率和效率与转速关系曲线的测定。

发电机分别 65%、80%、100%、120%、150%在额定转速和额定电压下运行,用直接负载法(电阻负载)测定此时发电机的输出功率和发电机的实测效率,以转速为横坐标,效率和输出功率为纵坐标做出关系曲线,测定时的连接线应符合本标准 6.7 条的测定。

6.12、低温试验

发电机在规定的最低环境温度下静置不少于 4h,测定发电机的起动阻力矩,此时阻力矩应不大于常温下的 2.5 倍最大阻力矩,然后拖动发电机,使其转速为 65%额定转速,测量发电机空载电压。发电机空载电压应不低于额定值,停机后检查外观、塑料件、橡胶件、金属件及润滑油等。

6.13、防潮试验

防潮试验按国家标准《电机在一般环境条件下使用的湿

热试验要求》进行,试验后应检查绝缘电阻,绝缘电阻应符合本标准 4.16 条的规定,并能承受耐电压试验而不击穿,试验电压应为规定值的 85%。

6.14、防霉试验

防霉试验按 GB2423.16 的规定进行,发电机露于空气中的绝缘和塑料零件或材料试品每种 3 件,试验后长霉等级应不超过 3 级,但其长霉面积最大不得超过 50%。

6.15、外壳防护等级试验 按 GB4942.1 的规定进行。

6.16、防盐雾试验

盐雾试验按 GB2423.17 的规定进行。电镀件试品每种 3 件,试验的持续时间和外观合格要求应按表 7 规定。

表 7

底金属和镀层类别	试验持续时间 h	合格标准
钢镀镉	96	未出现白色、灰黑色、棕色等颜色的腐蚀产物
钢镀锌	48	
钢镀装饰铬	48	未出现棕色或其他颜色的腐蚀产物
铜及铜合金镀镍铬	96	未出现灰白色的腐蚀产物
铜及铜合金镀镍	48	
铜及铜合金镀银	24	
铜及铜合金镀锡	48	未出现黑色的腐蚀产物

7、标志和包装

7.1、发电机应有铭牌,铭牌上的字迹应清楚、牢固。

7.2、铭牌应牢固地固定在发电机机座的明显位置,铭牌的内容包括:

a、制造厂名称;

b、发电机名称；

c、发电机型号；

d、额定转速；

e、额定功率；

f、额定电压；

g、绝缘等级；

h、外壳防护等级；

i、制造厂产品编号；

j、出厂年月；

k、重量。

7.3、发电机的包装应能保证在正常的储运条件下，不致因包装不善而导致受潮与损坏。

7.4、包装箱外壁的文字和标志应清楚整齐，内容如下：

a、发货站及制造厂名称；

b、收货站及收货单位名称；

c、发电机型号及出品编号；

d、发电机的净重及连同包装箱的毛重；

e、包装箱尺寸；

f、在包装箱外的适当位置应标有"小心轻放"、"防湿"等字样，其图形应符合 GB191 的规定。

7.5、发电机的使用维护说明书，产品合格证应随同每台发电机供给用户。

7.6、在用户按照制造厂的使用维护说明书的规定，正确使用与存放发电机的情况下，制造厂应保证发电机在使用一年内，但自制造厂起运两年的时间内能良好的运行。如在此规定时间内电机因制造质量不良而发生损坏或不能正常工作时，制造厂应无偿地为用户修理或更换零件或发电机。

中华人民共和国国家标准
被动式太阳房技术条件和热性能测试方法
GB/T 15405—94

1、主题内容与适用范围

本标准规定了被动式太阳房的技术要求、热性能测试方法、经济分析方法和检验规则。

本标准适用于农村和城镇地区的被动式太阳房。

2、引用标准

GBJ 300　建筑安装工程质量检验评定统一标准

GBJ 301　建筑工程质量检验评定标准

JGJ 24　民用建筑热工设计规程

JGJ 26　民用建筑节能设计标准

3、术语

3.1、被动式太阳房(以下简称太阳房)　不用机械动力而在建筑物本身采取一定措施,利用太阳能进行冬季采暖的房屋。

3.2、直接受益式　太阳光穿过透光材料直接进入室内采暖形式。

3.3、集热蓄热墙式　太阳光穿过透光材料照射集热蓄热墙,墙体吸收辐射后以对流、传导、辐射方式向室内传递热量的采暖形式。

3.4、附加阳光间式　在房屋主体南面附加一个玻璃温室的采暖形式。

3.5、对流环路式　南墙设置太阳空气集热器(墙),利用墙体上下通风口进行对流循环的采暖形式。

3.6、基础温度

　　根据太阳房采暖水平而设定的某个室内最低空气温度。本标准为 14℃。

　　3.7、黑球温度　室内周围环境与人体进行辐射对流热交换的当量温度。

　　3.8、采暖期度日数　采暖期主要月份（12、1、2月）内各天基础温度与室外日平均温度之间的正温差（不计负温差）的总和。

　　3.9、综合气象因素　采暖期主要月份南向垂直面上的累积太阳辐照量与对应期间的度日数的比值。

　　3.10、直接蓄热体　直接受阳光照射的蓄热物质。

　　3.11、间接蓄热体　不直接受阳光照射的蓄热物质。

　　3.12、集热（蓄热）墙日平均热效率　通过集热（蓄热）墙进入房间的有效热量与同期垂直照射到该墙上的累积太阳辐照量之比。

　　3.13、净负荷　除太阳能集热部件外，在不计入太阳作用的某个计算时间，为维持太阳房室温等于基础温度的计算热耗。

　　3.14、太阳能供暖保证率　太阳房为维持基础温度所需净负荷中太阳能所占的百分比。

　　3.15、对比房　与太阳房面积、建筑布局基础相同的当地普通房屋。

　　3.16、太阳房节能率　太阳房与对比房相比，在维持相同的基础温度下所节省的采暖能量占对比房采暖能量的百分比。

　　3.17、辅助热量　在室温低于基础温度期间，由辅助供热系统向房间提供不低于基础温度所需的热量。

3.18、内热源热量　由室内的人、照明及非专设的采暖设备等产生的热量。

4、技术要求

4.1、建筑总体要求

4.1.1、建筑原则　太阳房要因地制宜,遵循坚固、适用、经济,并应注意建筑造型美观大方的原则。

4.1.2、建筑形式　太阳房平面布置应符合节能和利用太阳能的要求,建筑造型与周围建筑群体相协调,同时必须兼顾建筑形式、使用功能和太阳能采暖方式三者之间的相互关系。

4.1.3、建筑朝向　太阳房平面布置为正南向,因周围地形的限制和使用习惯,允许偏东 15°以内。校舍、办公用房一般只允许偏东 15°以内。

4.1.4、建筑间距　当地冬至日中午 12 时,太阳房南面遮挡物的阴影不得投射到太阳房的窗户上。

4.1.5、旧房改建　旧房改建太阳房时,应尽量满足4.1.1~4.1.3 条的要求。

4.2、室温要求

4.2.1、太阳房的气象区划　按照影响太阳房技术条件的综合气象因素的大小,将我国可利用太阳能采暖的地区划分为 5 个区域,各区代表城市和对应的太阳房南向透光面夜间保温热阻及外围护结构最大传热系数见附录 A。

4.2.2、冬季室温

4.2.2.1、第 1、2 区冬季采暖期间,太阳房的主要居室在无辅助热源的条件下,室内平均温度应达到 12℃,室内温度低于 8℃的小时数应小于总采暖时数的 20%。在有辅助热源的条件下,室内最低温度达到 14℃时的太阳能供暖保证率应不低于 50%。

4.2.2.2、第 3、4 区冬季采暖期间,在有辅助热源的条件下。室内最低温度达到 14℃时的太阳能供暖保证率应不低于 50%。

4.2.2.3、第 5 区冬采暖期间,在有辅助热源的条件下,室内最低温度达到 14℃时的太阳房节能率应不低于 50%。太阳能供暖保证率应不低于 25%。

4.2.2.4、在无辅助热源的情况下,冬季采暖最冷季节室温日波动范围不得大于 10℃。

4.2.3、夏季室温　室内温度不高于当地普遍房屋。

4.3、围护结构要求

4.3.1、外围墙体　太阳房外围墙体采用重质材料,如砖、石、混凝土、土坯等,增设保温层,其传热系数按附录 A 表中的数值以该地区接近的代表城市的次序选择。其中,屋顶采用偏小值,外墙采用偏大值。保温层厚度应均匀、不得发霉、变质、受潮和放出污染物质,保温层尽量靠近外侧设置。

4.3.2、南向透光面　太阳房的南向透光面上应设夜间保温装置,不同地区的热阻值按附录 A 表中的次序选择。

4.3.3、地面和基础　太阳房的地面应增设保温、蓄热和防潮层,基础外缘应设深度不小 0.45m,热阻大于 $0.86 m^2℃/W$ 的保温层。

4.3.4、集热(蓄热)墙　太阳房集热墙透光材料与墙(吸热板)之间要求严密不透气,其距离推荐为 60~80mm。设通风孔集热墙,其单排通风孔面积推荐按集热墙空气流通截面积的 70%~100%设计,应具有防止热量倒循环和灰尘进入集热墙的设施。

4.3.5、透光材料　集热墙透光材料选用表面平整、厚薄均匀、法向阳光透过率大于 0.76 的玻璃。

4.3.6、吸热涂层　集热墙吸热涂层要求附着力强、无毒、无味、不反光、不起皮、不脱落、耐候性强。要求对阳光的法向吸收率大于 0.88,其颜色以黑、蓝、棕、绿为好。

4.3.7、门窗　太阳房门窗应符合 GBJ301 的规定,同时必须敷设门窗缝隙密封条。窗户玻璃的层数视地区不同按附录 A 的要求设置。

4.4、经济指标要求　太阳房增加的投资控制在当地常规建筑正常预算造价的 20% 以内(不包括特殊装修)。对于严寒地区可放宽到 25% 以内。

4.5、其他要求

4.5.1、为防止夏季室内温度过高,太阳房应采取挑出房檐、设遮阳板或采取北墙设窗户以及绿化环境等措施。

4.5.2、太阳房外门在冬季要求有保温帘或其他保温隔热措施。

4.5.3、为保证室内的卫生条件,太阳房设计时应考虑到房间的换气要求。

5、测试条件

5.1、测试分级及要求　太阳房的热性能测试分为 A、B 两级,每级测试的内容及要求见附录 B。一般 A 级适用于以研究为目的。B 级适用于以工程验收和推广为目的。

5.2、测试房状态　测试房建成后,经半年左右的自然干燥,再进行测试。测试房的运行状态分为:无人居住无热源的自然状态;有人正常居住无辅助热源;有人正常居住有辅助热源。为了测定实际节能效果,应选择对比房进行测试比较。

5.3、长期连续测试　长期连续测试一般在有人正常居住的条件下进行,要求至少有一个采暖期的测试数据。

5.4、短期详细测试　短期详细测试一般在无人居住的条

253

件下进行,测试时间要求持续两周以上。

6、测试仪表及测量

6.1、累积太阳辐射照量的测量

6.1.1、累积太阳辐照量用总日射表(天空辐射表)及累积日射记录仪进行测量。

6.1.2、总日射表在使用一年内需标定或与已知准确度的同级表进行对比,在测试时间玻璃罩应保持清洁干净。

6.1.3、总日射表的时间常数应小于 5s 非线性误差应不超过±1.5%,累积日射记录仪误差不应超过±1%。

6.1.4、总日射表接受太阳辐照的平面应与太阳房的集热面平行。

6.2、温度的测量

6.2.1、短期 A 级温度测量可用热电偶温度计、电阻温度计和水银温度计测量。温度计应经过标定,误差不超过±0.2℃。

6.2.2、长期 A 级和 B 级温度测量还可使用双金属片自记温度计,但在换纸前后应用精度为 0.2℃的水银温度计校正。

6.2.3、测量室内温度时,温度计应安放在室内中心位置距地面 1.5m 处。温度计应带有通风良好的铝箔保护罩(直径约 15mm,长约 45mm)。测试间隔见附录 B,B 级长期监测每天可在当地时 7 时、14 时、20 时各记录 1 次。

6.2.4、测量黑球温度时,应用直径 150mm,中心处装热电偶或电阻的黑球温度计测量,黑球温度计应置于室内中心距地面 1.3～1.5m 处。

6.2.5、测量室外温度时,温度计应置于被测太阳房 10m 以内,距地面 1.5m 处的百叶箱内。B 级长期监测,温度计还可置于太阳房 10m 以内,通风良好,无阳光和无热源的地方。测试时间和测室内温度同步。

6.2.6、集热墙上下通风孔的气温用热电偶测量,每个通风孔截面积等分 6~9 个点,取各点温度值将其平均。为消除阳光的影响,热电偶测头应漆成白色。

6.2.7、太阳房墙体、地面、屋顶等围护结构和集热蓄热体表面温度用热电偶或其他小型温度传感器测量,传感器紧贴于表面或埋于表面内,并尽量使表面状态与被测表面一致。

6.2.8、窗玻璃或其他透明盖层的温度用线径不大于 0.2mm 的热电偶测量,并应用透明胶贴紧,以保持原位测量状态。

6.3、热流密度的测量

6.3.1、通过太阳房墙体、地面、屋顶及其他集热蓄热体的热流密度用温差热电堆型热流片测量,热流片应埋在被测墙体内或紧贴于被测面。为消除阳光照射的影响,热流片表面应涂成与被测表面相同的颜色。

6.3.2、热流片本身热阻应小于 $0.02m^2℃/W$,误差不超过 $\pm 5\%$。

6.4、风速的测量

6.4.1、室外风速可用误差小于 0.5m/s 旋杯式风速计或其他风速计测量,风速计应位于被测太阳房的 10m 以内。

6.4.2、集热墙上下通风孔空气流速可用误差小于 0.1m/s 的热球风速计测量,每个截面积等分 6~9 个点,取各点风速值并将其平均。

6.5、辅助热量的测量

6.5.1、A 级测试,可用电度表测定其电采暖耗电量。

6.5.2、B 级短期详测,可一次测定煤的热值和煤炉采暖热效率及每日耗量进行计算。

6.5.3、B 级长期监测,测定燃料的热值和炉具热效率后,一般只统计月耗燃料量。

7、数据处理

7.1、围护结构热阻　常规材料的围护结构热阻可查手册进行计算,新材料、新结构的热阻在短期详测中按公式(1)进行计算。要求连续测量 1 周以上并至少有 3 个不同位置的热流测点进行平均。

$$R = (T_{bi} - T_{bo})/Q_b \qquad \cdots\cdots\cdots\cdots\cdots \quad (1)$$

式中:R——围护结构热阻,$m^2 \, ℃/W$;

　　　T_{bi}——围护结构内表面温度,$℃$;

　　　T_{bo}——围护结构外表温度,$℃$;

　　　Q_b——围护结构热流密度,W/m^2。

7.2、集热(蓄热)墙日平均热效率的测量应连续 1 周以上,按公式(2)进行计算后取其平均值。

$$\eta_c = \frac{Q_u}{H_{tv} \cdot A_w} = \frac{Q_{cod} + Q_{cov}}{H_{tv} \cdot A_w} \qquad \cdots\cdots\cdots\cdots\cdots \quad (2)$$

式中:η_c——集热墙日平均热效率,%;

　　　Q_u——供给房间的有效热量,KJ/d;

　　　H_{tv}——集热墙外表面的累积太阳辐射量,$KJ/m^2 \cdot d$;

　　　A_w——集热墙外表面积(包括玻璃边框),m^2;

　　　Q_{cod}——经集热墙传导进入室内的热量(热流向里为正,向外为负),KJ/d;

　　　Q_{cov}——经通风孔进入室内热量,KJ/d。

7.3、太阳能供暖保证率　太阳能供暖保证率按公式(3)进行计算。

$$SHF = 1 - \frac{Q_s + Q_{in}}{Q_{net}} \qquad \cdots\cdots\cdots\cdots\cdots \quad (3)$$

式中：SHF—太阳能供暖保证率,％；

　　　　Q_s—太阳房采暖期所需辅助热量,kJ；

　　　　Q_{in}—内热源热量,kJ；

　　　　Q_{net}—太阳房的净负荷,kJ。

8、检验规则

8.1、太阳房建筑竣工后必须经验收合格后方能交付使用。

8.2、太阳房建筑安装工程质量检查按 GBJ300 和 GBJ301 的要求进行。

8.3、太阳房增加投资占初投资的百分比应符合 4.4 条的规定,太阳房的经济分析方法见附录 C。

8.4、太阳房总体检查按第 4.1、4.3、4.5 条的要求进行。

8.5、太阳房热性能测试按第 5、6 章的要求进行,其结果应符合 4.2 条的要求。

8.6、太阳房热性能测试应由测试单位提供正式测试报告,测试报告格式见附录 D。

附录 A

太阳房的气象区划及代表城市和围护结构的热工指标

(补充件)

气象区划	综合气象因数 kJ/(m·d℃d) ···	代表城市 (以指标大小为序)	南向透光面夜间保温热阻 (m²℃/W) 外围护结构最大传热系数 W/(m²℃)
1	>30	拉萨	
	25~30	新乡、鹤壁、开封、济南、北京、郑州、石家庄、洛阳、保定、汉口、天津、潍坊、安阳	双层玻璃 0.172/0.25~0.3 单层玻璃 0.43/0.35~0.45 单层玻璃 0.86/0.45~0.5
2	20~25	大连、西宁、银川、青岛、太原、和田、哈密、且末、延安、兰州、榆林、秦皇岛、阳泉、包头、西安	双层玻璃 0.43/0.25~0.35 双层玻璃 0.86/0.45~0.55 双层玻璃 0.86/0.3
3	15~20	玉门、酒泉、宝鸡、咸阳、张家口、呼和浩特、喀什、伊宁	双层玻璃 0.43/0.25 双层玻璃 0.86/0.4
4	13~15	抚顺、乌鲁木齐、通化、锡林浩特、沈阳、长春、鸡西	双层玻璃 0.86/0.28
5	<13	吉林、哈尔滨、齐齐哈尔、佳木斯、鹤岗、海拉尔	双层玻璃 0.86/0.25

附录 B

太阳房测试内容及要求

(补充件)

表 B1 气候参数测试内容及要求

分级	测试项目	范　围	短期详测间隔,h	长期监测间隔
A	室外气温 T_a	$-30 \sim -40℃$	1	日平均
	累积太阳辐照量 H_{tv}	$0 \sim 25000 kJ/m^2$	1	日积累
	环境风速 va	$0 \sim 25 m/s$	1	日平均
	环境风向 D_a	$0 \sim 360°$	1	—
B	室外气温,T_a	$-30 \sim 40℃$	1	取附近气象站的资料
	累积太阳辐照量,H_{tv}	$0 \sim 25000 kJ/m^2$	1	

表 B2 气候参数测试内容及要求

分级	测试项目	范　围	短期详测间隔,h	长期监测间隔
A	室内气温 T_r	$0 \sim 40℃$	1	日平均
	黑球温度 T_g	$0 \sim 40℃$	1	日平均
	直接蓄热体温度 T_1	$0 \sim 50℃$	1	—
	间接蓄热体温度 T_2	$0 \sim 50℃$	1	—
	围护结构热流密度 Q_b	$0 \sim 100 W/m^2$	1	—
	辅助热量 Q_{aux}		1	每日
	内热源热量 Q_{in}			每日
	保温窗开关时间 t		按实际记录	—

表 B2

分级	测试项目	范 围	短期详测间隔，h	长期监测间隔
	室内气温 T_r	$0\sim40℃$	1	日平均
	直接蓄热体温度 T_1	$0\sim50℃$	1	—
	间接蓄热体温度 T_2	$0\sim50℃$	1	—
B	围护结构热流密度 Q_b	$0\sim100W/m^2$	1	—
	辅助热量 Q_{aux}		每日	每月
	内热源热量 Q_{in}		每日	每月
	保温窗开关时间 t		按实际记录	—

表 B3 集热蓄热墙(对流环路)式太阳房测试内容及要求

分级	测试项目	范 围	短期详测间隔，h	长期监测间隔
	室内气温 T_r	$0\sim40℃$	1	日平均
	黑球温度 T_g	$0\sim40℃$	1	日平均
	集热墙温度 T_1	$0\sim60℃$	1	—
	间接蓄热体温度 T_2	$0\sim40℃$	0.5	—
	上下通风孔气温 $T_u \cdot T_d$	$0\sim60℃$	0.5	—
A	上下通风风速 $V_u \cdot V_d$	$0\sim5m/s$	1	—
	集热墙热流密度 Q_w	$0\sim100W/m^2$	1	—
	围护结构热流密度 Q_b	$0\sim100W/m^2$	1	—
	辅助热量 Q_{aux}		1	每日
	内热源热量 Q_{in}		1	每日
	通气孔开关时间 t		按实际记录	—

表 B3

分级	测试项目	范 围	短期详测间隔,h	长期监测间隔
B	室内气温 T_r	0～40℃	1	日平均
	集热墙温度 T_1	0～60℃	1	—
	间接蓄热体温度 T_2	0～60℃	1	—
	上下通风孔气温 $T_u \cdot T_d$	0～5m/s	1	—
	上下通风风速 $V_u \cdot V_d$	0～100W/m²	1	—
	集热墙热流密度 Q_w		每日	每月
	辅助热量 Q_{aux}		每日	每月
	内热源热量 Q_{in}			—
	通气孔开关时间 t		按实际记录	

表 B4　附加阳光间式太阳房测试内容及要求

分级	测试项目	范 围	短期详测间隔,h	长期监测间隔
A	室内气温 T_r	0～40℃	1	日平均
	黑球温度 T_g	0～40℃	1	日平均
	蓄热墙温度 T_1	0～60℃	1	—
	间接蓄热体温度 T_2	0～40℃	1	—
	阳光间内温度 T_s	0～60℃	1	日平均
	蓄热墙热流密度 Q_w	0～100W/m²	1	—
	围护结构热流密度 Q_b	0～100W/m²	1	—
	辅助热量 Q_{aux}		1	每日
	内热源热量 Q_{in}		1	每日
	保温窗开关时间 t		按实际记录	—

表 B4

分级	测试项目	范　围	短期详测间隔，h	长期监测间隔
	室内气温 T_r	0～40℃	1	日平均
	蓄热墙温度 T_1	0～50℃	1	—
	阳光间内温度 T_2	0～60℃	1	—
B	蓄热墙热流密度 Q_w	0～100W/m²	1	—
	辅助热量 Q_{aux}		每日	每月
	内热源热量 Q_{in}		每日	每月
	保温窗开关时间 t		按实际记录	—

附录 C

太阳房经济分析方法

（补充件）

C1　太阳房节能率按公式(C1)进行计算。

$$ESF = 1 - Q_s/Q_c \quad \cdots\cdots\cdots\cdots\cdots (C1)$$

式中：ESF—太阳房节能率，%；

　　Q_c—对比房采暖期所需辅助热量，KJ。

C2　辅助耗热量按公式(C2)进行计算。

$$Q_{aux} = M \cdot q_{ou} \cdot \eta \quad \cdots\cdots\cdots\cdots\cdots (C2)$$

式中：Q_{aux}—辅助耗热量，kJ；

　　M—燃烧物质量，kg；

　　q_{ou}—燃烧物的低位发热值，kJ/kg；

　　η—炉具热效率，%。

C3 太阳房年节标煤量按公式(C3)进行计算。

$$G = \frac{ESF \cdot Q_r}{Q_{DW} \cdot \eta} \quad \cdots\cdots\cdots\cdots\cdots \quad (C3)$$

式中：G—太阳房年节标煤量,kg;

Q_{DW}—标煤的发热值,29 300kJ/kg。

C4 太阳房年节能收益按公式(C4)进行计算。

$$A = G \cdot S + Z - W \quad \cdots\cdots\cdots\cdots\cdots \quad (C4)$$

式中：A—太阳房年节能收益;

S—当地煤价折算出的标准煤单位煤价;

Z—炉具或采暖系统的年折旧费;

W—太阳能采暖设施的年维修费。

C5 太阳能投资回收年限按公式(C5)进行计算。

$$N = \frac{\ln[A/(A - I \cdot i)]}{\ln(1 + i)} \quad \cdots\cdots\cdots\cdots \quad (C5)$$

式中：N—太阳能投资回收年限;

I—太阳房增加的投资;

i—贷款年利率。

附录 D
被动式太阳房测试报告示例
(参考件)

被动式太阳房测试报告

被测单位＿＿＿＿＿＿＿ 承建单位＿＿＿＿＿＿＿

竣工日期＿＿＿＿＿＿＿ 测试日期＿＿＿＿＿＿＿

D1 测试仪器

表 D1

仪器名称	型　号	精　度	检定单位	检定日期

D1　测试地点

地址_____海拔高度_____

纬度_____经度_____

D3　测试条件

D4　检验项目分类表

表 D2

序　号	检验项目		结　果	
1	建筑总体	建筑原则		
		建筑形式		
		建筑朝向		
2	室内温度	采暖期平均温度,℃		
		黑球温度平均值,℃		
		最低温度小时数		
		波动范围,℃		

表 D2

序 号	检验项目		结 果	
3	采暖期室外温度平均值,℃			
4	围护结构	集热形式		
		保温材料		
		透光材料		
		吸热涂层材料		
5	门窗			
6	辅助耗热量,kJ			
7	增加投资占初投资的百分比			
8	其他			

注:其他详细测试记录表,根据测试级别和要求自行编制

D5　测试结果

集热(蓄热)墙平均热效率:$\eta_c = $ _____ ％

太阳能供暖保证率:SHF＝ _____ ％

平阳房节能率:ESF＝ _____ ％

平阳房年节能收益:A＝ _____ 元

投资回收年限:N＝ _____ 年

测试人员签名 _____

测试负责人签名 _____

单位盖章

265

中华人民共和国国家标准

民用炕连灶热性能测试方法 GB 7651—87

1、引言

1.1、本方法适用于以柴草(薪柴、秸秆、树叶等)和畜粪为燃料的炕连灶的热性能测试。

1.2、制订本方法的目的是为了炕连灶的热性能测试。

1.3、通过给定数量和柴质的燃料,采用锅内煮定量的水,在一天内定时烧火三次,使锅内水升温、蒸发,并使炕体升温,测定有关热性能参数。

2、测试条件

2.1、炕灶试验前应处于近似正常使用状态,不允许有感官可感觉到的潮湿部位,炕面温度可略高于室温 3～5℃,炕洞土层上层温度可略高于室温 2～4℃。

2.2、炕灶各部分不应有泄漏现象。

2.3、若有其他燃烧装置和试验炕灶共用一烟囱时,应停止该装置运行,并封闭其通风口。

2.4、试验用燃料采用一般自然风干的燃料,其元素组成、工业分析成分和低位发热量可由实验室化验取得数据,也可以按现有的干物组测试数据,测定燃料水分后,加以修正取用。

2.5、试验环境温度 8～15℃,相对湿度小于 85%。

2.6、架空炕的下方不应加任何遮蔽物。

2.7、炕面不加覆盖物。

3、热性能参数

3.1、灶的热性能 用热效率、升温速度、蒸发速度和回升速度四个指标表示。按 GB4363—84《民用柴炉、柴灶热性能测试方法》定义。

3.2、炕的热性能

3.2.1、炕面温度及其均匀性　用三个指标表示：

a、炕面均值温升为测试规定时间（晨 6 时到晚 9 时）内炕面的均值温度和炕面起始均温之差，即

$$\overline{\Delta t_{km}} = \overline{t}_{km} - \overline{t}_{km0} \quad \cdots\cdots\cdots\cdots\cdots \quad (1)$$

式中：$\overline{\Delta t_{km}}$——测试周期内的炕面均温升值，℃；

$\overline{t}_{km}$——测试周期内的炕面均温，℃；

$\overline{t}_{km0}$——炕面的起始均温，℃。

b、炕面温度的不均率为：

$$\varepsilon_{km} = \frac{\overline{t}_{kmimax} + \overline{t}_{kmimin}}{\overline{t}_{km}} \times 100 \quad \cdots\cdots\cdots\cdots \quad (2)$$

式中：ε_{km}——炕面温度不均率，‰

$\overline{t}_{kmimax}$——各点均温中的最大值，℃；

$\overline{t}_{kmimin}$——各点均温中的最小值，℃。

表示炕面温度不均匀性的一般情况。作炕连炕一般性能测试时可以不计。

c、炕面温度的极差率为：

$$\Delta_{km} = \frac{\overline{t}_{kmmax\tau} + \overline{t}_{kmmin\tau}}{\overline{t}_{km\tau}} \quad \cdots\cdots\cdots\cdots \quad (3)$$

式中：Δ_{km}——极差率，℃/℃；

$\overline{t}_{kmmax\tau}$——测试周期中炕面最高温度，℃；

$\overline{t}_{kmmin\tau}$——同一时刻的炕面最低温度，℃；

$\overline{t}_{km\tau}$——同一时刻的炕面均温，℃。

表示炕面温度在测试周期中极端差别情况。

267

3.2.2、炕的保温性能以每小时,每度炕面均温的室温平均差的降温度数表示,为:

$$\theta = \frac{\bar{t}_{kmmax_2} - \bar{t}_{kmmin_3}}{\Delta\tau \cdot \Delta t_m} \quad \cdots\cdots\cdots\cdots\cdots\cdots \quad (4)$$

式中:$\bar{t}_{kmmax_2}$—第二次烧火后的最高炕面均温,℃;

$\bar{t}_{kmmax_3}$—第三次烧火前的最低炕面均温,℃;

$\Delta\tau$—降温时间间隔,小时;

Δt_m—炕面均温和室温的平均温差,℃;

θ—降温率,℃/小时·℃

3.3、炕连灶综合热效率

采用反平衡法即测定各项热损失(灰渣残碳损失,气体不完全燃烧损失,排烟损失和土层导热损失),并按式(5)计算热效率;

$$\eta_{kz} = 100 - (q_2 + q_3 + q_4 + q_5) \quad \cdots\cdots\cdots\cdots \quad (5)$$

式中:η_{kz}—炕连灶综合热效率,%;

q_2—排烟热损失,%;

q_3—气体不完全燃烧损失,%;

q_4—机械不完全燃烧损失,%;

q_5—炕洞土层导热损失,%。

4、测试项目、测试设备和安装要求

4.1、灶的热性能按照 GB4363—84 规定的设备和要求设置和安装。

4.2、灰渣重量及其含碳量 测定灰重和取样的设备为积灰盒和秤,灰渣中的残碳测定可送化验单位按规定方法测定。

4.3、排烟温度 设备为 0～100℃ 半导体点温计或水银温度计,测温端安装在烟囱进口截面中心。测出温度代号 t_{PY}。

4.4、排烟烟气成分的分析　采用奥氏烟气分析仪。取样管尺寸如图1所示。取样管装设在排烟温度测点附近,但应避免装在死角处,若有烟囱插板,应安装在插板前方。

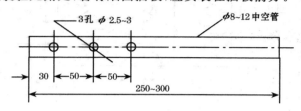

图1　烟气取样管

4.5、炕洞土层温度　测定用设备为1米长,地温计2个,由炕的侧面插入,位置在炕的长度方向中心线,炕洞土层表面往下0.07米和0.14米处各插一支,插入深度相当于炕的宽度方向中心线。测出温度代号为 t_{t1} 和 t_{t2},架空炕这一项不测。

4.6、炕面温度　测定设备为10点(0～100℃)半导体点温计和求积仪。测头位置安装位置如图2所示。测温杆可用架固定。点温计玻璃测端应埋入炕面的土中(埋入8毫米)。测出温度代号为 t_{km1} …… t_{km9}。

4.7、进炕烟温　测定设备为 WREA 镍铬考铜热电偶和XCZ—101 显示仪表。装在离灶体喉口端面0.26米处,测端处在炕洞高度的中心线处,露出炕面以上的测杆应加以保温。测出温度代号为 t_{jy}。

4.8、室温和室内相对湿度　测定设备为干湿球温度计,在垂直和水平方向上各离炕0.5米处安装。

5、测试时间

由晨6时到晚9时共15小时,其间晨6时、午11时和晚

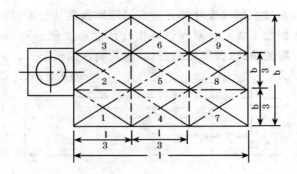

图 2　炕面测温点布置

5 时共烧火三次。土层温度的测试时间应测试到恢复初始数值为止,按实际时间记录。

6、测试方法

6.1、称出燃料量,每次为 5 千克。

6.2、锅中水重为 15 千克,回水重量为 6 千克。

6.3、其余按 GB 4363—84 测定灶的热效率、升温速度、蒸发速度和回升温度。三次烧火中测定晨、午二次。

6.4、测试期间,记录炕面各点温度值和土层温度值。烧火期间记录进行炕烟温度和排烟温度,各数据每 10 分钟记录一次,停火后每半小时记录一次。土层温度则按第 5 章中要求进行测试。

6.5、晨、午烧火期间,连续取烟样各三次,分析烟气中二氧化碳(CO_2%)和氧气(O_2%)的含量百分比。用 6 次数据均值记录于表 4 中。

6.6、灰渣计量和取样在三次烧火后进行,每次烧火前应扫清灶膛和灰炕,把积灰盒放入灰坑,在下次烧火前把灶膛中灰渣扫入积灰盒,每次称量净灰渣重量,记入表 4。碾碎灰渣,混合,每次取样 10 克,三次样品混合后,再取样 10 克送验。

7、测试数据处理

7.1、填写数据

7.1.1、炕灶结构数据按表 1 项目填写。

7.1.2、炕的热性能测试数据按 GB4363—84 记录和计算,记入表 2。

7.1.3、炕面温度、土层温度、进炕烟温、排烟温度和室内环境温度记入表 3。

7.1.4、净灰渣重量和烟气分析的二氧化碳和氧测值记入表 4,并计算其均值,作为计算依据。

7.2、参数计算

7.2.1、炕面均温的计算

a、表 3 记录的炕面各点温度随时间的变化情况,用时间作横坐标,用炕面温度作纵坐标,绘出炕面 9 个点的变化曲线。

b、用求积仪求出各曲线下方和某一基准温度 t_b(℃)上方所包围的面积 A(平方毫米),各点均值温度按式(6)计算:

$$\bar{t}_{kmi} = t_{hi} + \frac{A}{L} \cdot \Phi (i \text{ 由 } 1 \sim 9) \cdots\cdots\cdots\cdots (6)$$

式中:L—横坐标实际长度,毫米;

Φ—纵坐标的比例尺,℃/毫米。

c、炕面均温用式(7)计算:

$$\bar{t}_{km} = \frac{\sum\limits_{i=1}^{9} \cdot \bar{t}_{kmi}}{9} \cdots\cdots\cdots\cdots\cdots\cdots (7)$$

7.2.2、土层平均温度

用表 3 记录和 t_{t1} 和 t_{t2} 数据绘出土层两点温度和变化曲

线。用炕面各点均温求法,求出第一点土层均温 $\bar{t}_{t1}$ 和第二点土层均温 $\bar{t}_{t2}$。

用式(8)求出土层平均温差:

$$\Delta t_t = \bar{t}_{t1} + \bar{t}_{t2} \quad\cdots\cdots\cdots\cdots\cdots\cdots \quad (8)$$

7.2.3、其他计算按表 5 顺序和公式计算。

8、测试报告

测试报告分两组成部分:

文字说明部分,包括:a、试验对象、地点日期和单位。b、测试小结。

数据综合部分,包括:a、结构数据综合记录表(表 1),b、灶的热性能综合记录计算表(表 2),c、灶的热性能数据综合记录计算表(表 3～5),d、测试报告(表 6)。

表 1　炕灶结构数据综合记录表

炕灶名称	设计者:　单位:
灶:	
锅台尺寸:长×宽×高(米)	锅的规格:
灶门尺寸:宽×高(米)	炉箅面积:　　　平方米
吊火高度:(米)	燃烧室容积:　　　立方米
炕:	
炕的尺寸:长×宽×高(米)	炕洞型式名称:
炕洞高度:　　米	烟囱出口处的内截面积尺寸:(平方米)
烟囱高度:　　米	进炕烟气均温:　　　℃
烟囱中心处出口流速:　　米/秒	

炕灶名称		设计者： 单位：
环境条件：		
室外温度：最高 ℃；最低 ℃		室内平均温度： ℃
室内相对湿度： ％		海拔： 米

表2 灶的热性能综合记录计算表

参数名称			1	2	平均
时间	点火时间 T_1	时：分			
	水沸时刻 T_2	时：分			
	时间间隔 $\Delta T_1 = T_2 - T_1$	分			
	偏离沸点时刻 T_3	时：分			
	蒸发时间 $\Delta T_2 = T_3 - T_2$	分			
	保温时间 ΔT_3	分			
水温	水初温 t_{s1}	℃			
	沸点温度 t_{s2}	℃			
	温度 $\Delta t_s = t_{s2} - t_{s1}$	℃			
水重	初始 G_{s1}	千克			
	蒸发后剩余 G_{s2}	千克			
	蒸发 $\Delta G_s = G_{s1} - G_{s2}$	千克			
燃料	种类				
	重量 G_c	千克			
	低位发热量 Q_{DW}^Y	千焦/千克			

表2 灶的热性能综合记录计算表

参数名称			1	2	平均
计 算 结 果	升温速度 V_1	℃/分			
	蒸发速度 V_2	千克/分			
	回升速度 V_3	℃/分			
	热效率 η_z	%			
测试日期	年　月　日		测试负责人		
测试地点			测试人员		

表3 炕的测试数据综合记录计算表(1)

时间		进炕 烟温 t_{jy},℃	排烟 温度 t_{py},℃	土层温度,℃		炕面温度 t_{km},℃										室温 ℃
				t_{t1}	t_{t2}	1	2	3	4	5	6	7	8	9	平均	
6 时	10															
	20															
	30															
	40															
	50															
7 时	00															
	30															
8 时	00															
	30															
9 时	00															
	30															

时间		进炕烟温 t_{jy},℃	排烟温度 t_{py},℃	土层温度,℃		炕面温度 t_{km},℃										室温 ℃
				t_{t1}	t_{t2}	1	2	3	4	5	6	7	8	9	平均	
10 时	00															
	30															
11 时	00															
	10															
	20															
	30															
	40															
	50															
12 时	00															
	30															
13 时	00															
	30															
14 时	00															
	30															
15 时	00															
	30															
16 时	00															
	30															

时间		进炕烟温 t_{jy},℃	排烟温度 t_{py},℃	土层温度,℃		炕面温度 t_{km},℃											室温 ℃
				t_{t1}	t_{t2}	1	2	3	4	5	6	7	8	9	平均	
17 时	00															
	10															
	20															
	30															
	40															
	50															

注:炕面温度和室温记录到21时,土层温度记录到原始数据为止

表4 炕的测试数据综合记录计算表(2)

参数名称			数据
灰渣重量 G_{1Z} 千克	第1次		
	第2次		
	第3次		
	均 值		
烟气分析	第1次	100 毫升干烟气在 CO_2 吸收后剩余量 　毫升	
		100 毫升干烟气在 CO_2 和 O_2 吸收后剩余量 　毫升	
		CO_2 含量 　%	
		O_2 含量 　%	
	第2次	100 毫升干烟气在 CO_2 吸收后剩余量 　毫升	
		100 毫升干烟气在 CO_2 和 O_2 吸收后剩余量 　毫升	
		CO_2 含量 　%	
		O_2 含量 　%	

参数名称			数 据
烟气分析	第3次	100毫升干烟气在CO₂吸收后剩余量　毫升	
		100毫升干烟气在CO₂和O₂吸收后剩余量　毫升	
		CO₂含量　　　　　　　　　　　　　　　%	
		O₂含量　　　　　　　　　　　　　　　%	
	第4次	100毫升干烟气在CO₂吸收后剩余量　毫升	
		100毫升干烟气在CO₂和O₂吸收后剩余量　毫升	
		CO₂含量　　　　　　　　　　　　　　　%	
		O₂含量　　　　　　　　　　　　　　　%	
	第5次	100毫升干烟气在CO₂吸收后剩余量　毫升	
		100毫升干烟气在CO₂和O₂吸收后剩余量　毫升	
		CO₂含量　　　　　　　　　　　　　　　%	
		O₂含量　　　　　　　　　　　　　　　%	
	第6次	100毫升干烟气在CO₂吸收后剩余量　毫升	
		100毫升干烟气在CO₂和O₂吸收后剩余量　毫升	
		CO₂含量　　　　　　　　　　　　　　　%	
		O₂含量　　　　　　　　　　　　　　　%	
	均值	CO₂含量　　　　　　　　　　　　　　　%	
		O₂含量　　　　　　　　　　　　　　　%	

表5　炕的热性能数据综合记录计算表(3)

序号	项 目	符 号	单 位	数据来源或计算公式
一、材料特性				
1	应用基元素炭	C^y	%	化验数据

序号	项 目	符 号	单 位	数据来源或计算公式
2	应用基元素氢	H^y	%	化验数据
3	应用基元素氧	O^y	%	化验数据
4	应用基元素氮	N^y	%	化验数据
5	应用基元素硫	S^y	%	化验数据
6	应用基元素钾	K^y	%	化验数据
7	应用基元素磷	P^y	%	化验数据
8	应用基水分	W^y	%	化验数据
9	应用基灰分	A^y	%	化验数据
10	应用基低位发热量	Q_{DW}^y	千焦/千克	化验数据

二、炕连灶反平衡热效率

序号	项 目	符 号	单 位	数据来源或计算公式
11	5 千克柴的灰渣重量	G_{1z}	千克	实测
12	灰渣中含碳量	G_{1z}	%	化验数据
13	机械不完全燃烧损失	q_4	%	$\dfrac{327.8 \cdot G_{1z} \cdot C_{1z}}{5 \cdot Q_{DW}^y} \cdot 100$
14	排烟处三原子气体 RO_2 容积百分比	RO_2	%	实测
15	排烟处 O_2 容积百分比	O_2	%	实测
16	燃料特性系数	β		$2.358\dfrac{H^y - 0.126O^y + 0.038N^y}{C^y + 0.375S^y}$

序号	项　目	符　号	单　位	数据来源或计算公式
17	排烟处 CO 容积百分比	CO	%	实测或 $\dfrac{21-(1+\beta)RO_2-O_2}{0.605+\beta}$
18	排烟处空气过量系数	α_{py}		$\dfrac{21}{21-79\dfrac{O_2-0.5CO}{100-(RO_2+O_2+CO)}}$
19	理论需要空气量	V^O	立方米/千克燃料	$0.0889C^y+0.265H^y+0.033S^y+$ $0.064K^y+0.0089P^y+0.033O^y$
20	三原子气体的容积	V_{RO2}	立方米/千克燃料	$0.01866(C^y+0.375S^y)$
21	理论氮气容积	V^0_N	立方米/千克燃料	$0.79V^0+\dfrac{0.8}{100}N^y$
22	理论水蒸气容积	$V^0_{H_2O}$	立方米/千克燃料	$0.111H^y+0.0124W^y$ $+0.016V^y$
23	平均排烟温度	t_{py}	℃	实测
24	三原子气体焓	$(Ct)_{RO_2}$	千焦/立方米	C_{RO_2} 按 t_{py} 查比热表,可取 1.650。 $C_{RO_2}\times t_{py}$
25	氮气焓	$(Ct)_{N_2}$	千焦/立方米	Ct_{N_2} 按 t_{py} 查比热表,可取 1.300。 $C_{N_2}\times t_{py}$
26	水蒸气焓	$(Ct)_{H_2O}$	千焦/立方米	C_{H_2O} 按 t_{py} 查比热表,可取 1.500。 $C_{H_2O}\times t_{py}$
27	空气焓	$(Ct)_K$	千焦/立方米	C_K 按 t_{py} 查比热表,可取 1.6298。 $C_K\times t_{py}$

序号	项 目	符 号	单 位	数据来源或计算公式
28	1 千克燃料理论烟气量焓	I_y^0	千焦/千克燃料	$V_{RO_2}(Ct)_{RO_2} + V_{N_2}(Ct)_{N_2}$ $+ V_{H_2O}(Ct)_{H_2O}$
29	1 千克燃料理论空气量焓	I_K^0	千焦/千克燃料	$V^0(Ct)_K$
30	排烟焓	I_{py}	千焦/千克燃料	$I_y^0 + (\alpha_{py}-1)I_K^0$
31	冷空气温度（燃烧时平均室温）	t_{1K}	℃	实测
32	冷空气焓	$(Ct)_{1K}$	千焦/立方米	C_{1K} 按 t_{1K} 查比热表，可取 1.290。$C_{1K} \times t_{1K}$
33	1 千克燃料的冷空气焓	I_{1K}	千焦/千克燃料	$\alpha_{py}V^0(Ct)_{1K}$
34	排烟处每千克燃料带走的热量	$I_{py}-I_{1K}$	千焦/千克燃料	$I_{py}-I_{1K}$
35	排烟热损失	q_2	%	$(100-q_4) \cdot (I_{py}-I_{1k}/Q_{DW}^y)$
36	每千克燃料的干烟气容积	V_{gy}	立方米/千克燃料	$V_{RO_2}+V_{N_2}^0+(\alpha_{py}-1)V^0$
37	气体不完全燃烧损失	q_3	%	$126.4 \dfrac{V_{gy}}{Q_{DW}^y} \cdot CO \cdot (100-q_4)$
38	土层平均温差	$\Delta t_{\bar{t}}$	℃	实测后计算
39	导热土层厚度	δ	米	定为 0.07 米

序号	项　目	符　号	单　位	数据来源或计算公式
40	土层导热系数	λ	瓦/米·℃	若为干土取用 $\lambda=0.7$
41	导热面积	F	平方米	实测,取用炕的内腔尺寸
42	导热时间	τ	小时	土层两点温差相同的间隔时间
43	测试期间中导热量	Q_5	千焦	$F \cdot \dfrac{\lambda}{\delta} \cdot \overline{\Delta t_t} \cdot \tau \cdot 3.6$
44	土层导热损失	q_6	%	$(Q_6/15Q_{DW}^y) \cdot 100$
45	炕灶反平衡热效率	η_{kz}	%	$100-(q_2+q_3+q_4+q_5)$

三、炕面温度及其均匀性

序号	项　目	符　号	单　位	数据来源或计算公式
46	测试周期内的炕面均温	$\overline{t_{km}}$	℃	$\sum\limits_{i=1}^{9} \dfrac{\overline{t_{kmi}}}{9}$
47	炕面起始均温	$\overline{t_{km0}}$	℃	$\sum\limits_{i=1}^{9} \dfrac{t_{i0}}{9}$
48	炕面均温升值	$\overline{\Delta t_{km}}$	℃	$\overline{t_{km}} - \overline{t_{km0}}$
49	9点中最大的均温值	$\overline{t_{kmimax}}$	℃	实测后 7.2.1 项 a、b 计算
50	9点中最小的均温值	$\overline{t_{kmimin}}$	℃	实测后 7.2.1 项 a、b 计算
51	炕面温度不均率	ε_{km}	%	$\dfrac{\overline{t_{kmimax}} - t_{kmimin}}{t_{km}} \times 100$

序号	项 目	符 号	单 位	数据来源或计算公式
52	测试周期中炕面最高温度	$t_{kmmin\tau}$	℃	实测
53	同一时刻炕面最低温度	$t_{kmimax\tau}$	℃	实测
54	同一时刻的炕面均温	$\bar{t}_{km\tau}$	℃	$\sum\limits_{i=1}^{9}\dfrac{t_{i\tau}}{9}$
55	炕面温度极差率	Δ_{km}	℃/℃	$(t_{kmimax\tau}-t_{kmmin\tau})/t_{km\tau}$
四、炕的保温性能				
56	第 2 次烧火后的最高炕面均温	$\bar{t}_{kmmin\tau}$	℃	实测
57	第 2 次烧火后最高炕面均温出现时刻	τ_2	时:分	实测
58	第 3 次烧火前最低炕面均温	$\bar{t}_{kmmin3}$	℃	实测
59	第 3 次烧火前最低炕面均温出现时刻	τ_3	时:分	实测
60	最高炕面均温时的室温	t_{k2}	℃	实测
61	最低炕面均温时的室温	t_{k3}	℃	实测